黏土造型的嬗变

戴维丝 著

中国纺织出版社有限公司

内 容 提 要

本书主要内容包括四个部分,基于娱乐需求心理的黏土造型、不同时期黏土造型的嬗变、国内外黏土造型的发展现状及黏土造型的新时代。

本书可供从事与黏土相关工作的设计师、制作者、艺术家阅读参考。

图书在版编目(CIP)数据

黏土造型的嬗变/戴维丝著. --北京:中国纺织出版社有限公司, 2020.1

ISBN 978-7-5180-6888-3

Ⅰ.①黏… Ⅱ.①戴… Ⅲ.①粘土—手工艺品—制作 Ⅳ.①TS973.5

中国版本图书馆 CIP 数据核字(2019)第 236801 号

责任编辑:范雨昕　　责任校对:寇晨晨　　责任印制:何　建

中国纺织出版社有限公司出版发行

地址:北京市朝阳区百子湾东里 A407 号楼　邮政编码:100124

销售电话:010—67004422　传真:010—87155801

http://www.c-textilep.com

中国纺织出版社天猫旗舰店

官方微博 http://weibo.com/2119887771

北京玺诚印务有限公司印刷　各地新华书店经销

2020 年 1 月第 1 版第 1 次印刷

开本:710×1000　1/16　印张:13

字数:208 千字　定价:88.00 元

前　言

人类与黏土有着千丝万缕的联系，泥土与人类生活息息相关。自新石器时代之后，中国泥塑艺术一直没有间断，发展至今已经成为丰富多彩的艺术品种。

动画世界是个包罗万象的大世界，即使它是一个虚拟的世界，但是仍然不会失去它的色彩斑斓。在当今的科学技术支持下，三维动画呈现在我们眼前，让人们能够更多地感受到动画的栩栩如生，也使动画角色有了更多的活力。在众多的动画形式之中，黏土动画因为自身的特点以及对人们的吸引力有了越来越多的市场需求。

在动画的艺术发展史上，黏土动画是最先存在的一种动画艺术形式之一。同样的，它也在动画艺术当中有着重要的地位。本书通过调查分析从古至今随着技术的不断发展，在不同的历史时期黏土动画的发展状况，以及其对人们产生的影响。除了研究黏土艺术本身的魅力之外，也会根据人们的心理需求，探索黏土造型早期形式——泥塑、黏土动画的萌芽时期、繁荣时期、低谷时期以及现状和对未来的发展展望。之所以选择从不同时期黏土造型的嬗变这一点来研究，是希望能够让越来越多的人注意到这种艺术的魅力，让更多的设计师、制作者、艺术家能够用自己的态度去创作出越来越多的优秀的黏土艺术品，让更多的普通人对这种艺术形式有更多的认识。通过黏土造型的大众化，以它特有的方式增加人与人、人与生活的亲切感，更多地融入生活中的点点滴滴。

当前有关黏土造型作品的创作呈现繁荣局面，世界各地与黏土造型相关的展览和制作的动画片也数不胜数，但是目前为止国内尚未出版关于黏土造型的理论和嬗变历程方面的专著，只在个别著作的相关章节中有所涉及。在中国知网上以“黏土动画”为关键词进行搜索，可搜到相关的研究文章几十篇；以“泥塑”为关键词进行搜索，可搜到相关的研究文章数百篇。但是这些文章大多数是把泥塑与黏土动画分开进行分析,没有从娱乐需求心理这一层面来进行阐述。而关于黏土动画方面的文章大致是对黏土动画影片技术分析与具体内容介绍,没有系统性的分析。目前对黏土造型嬗变的理论研究不仅数量少,而且显得粗略而零散,缺乏比较深入和系统的研究论著,这与黏土造型在当今艺术界中显示出来的创造力,所形成的影响是不相称的。随着黏土动画日臻成型与国际影响力日益增长,需要有人对其进行深入系统的总结和研究,这对动画的理论发展以及动画制作者之间的学习借鉴,将大有裨益。

本书的研究基础来自于我的硕士学位论文《从游戏需求心理看黏土造型的嬗变》,在江西师大的三年,跟随我的导师毛小龙进行研究学习。在景德镇学院任职的九年里,仍在继续进行黏土造型方面的研究,先后发表了《从泥塑艺术的出现到20世纪80年代黏土造型的嬗变》《从游戏需求心理看黏土造型的发展现状》《中国黏土动画的发展展望》《在游戏需求心理影响下的黏土动画》等多篇论文,为本书的创作提供了扎实的理论基础。

本书从准备一直到完成的过程是非常艰苦的。无论是在前期对题目的选择,还是在后期对各种材料的收集都经历了很多复杂的过程。对于我来说,也是花费了很长的时间,才完成了这本书的写作,或许它存在着一些缺陷,希望大家能够给予指点。

景德镇学院　戴维丝

2019年6月

目　录

1　基于娱乐需求心理的黏土造型

1.1　娱乐需求心理

心理需求有很多层次,马斯洛总结了需求层次理论,除了生理需要之外,还包括安全、爱和归属感、被尊重、自我实现等。人类本源的两种欲望是什么?毫无疑问,答案是生存和繁衍。而人类受这两种本能驱使,一生都在为此努力和付出。不断的付出生理上的劳动,伴随而来的便是心理上的疲惫,紧张,甚至痛苦。假如一直因为外界的压力而迫使自己不停地学习、工作,那么便会形成压抑。

人类智慧或许是在闲暇中孕育出来的。比如,牛顿躺在苹果树下对掉落的苹果"胡思乱想",万有引力定律诞生了。有一种心理学理论提到"娱乐需求",作为人类的第三大需求,这不无道理。娱乐正是作为一种配套需求,缓解和疏导在追求生存和繁衍的道路上所产生的负面情绪。

娱乐的价值和功能至少可以体现在如下几个方面:

1.1.1　突破生存困境

在平时的生活当中,很多时候都是比较单调的,总是会不经意之间感觉到周围的压力。而在学习和工作的过程当中,难免会感到疲累,总是会觉得自己的前途受到了压迫,感觉自己无法大展身脚。每一个人都可能会陷入一种生存的困境之中,虽然这些困难我们难以避免,但是我们都要面对这些问题。根据心理学的研究,可以发现,如果一个人在自己的生活当中,过多地专注于自己的负面情绪,那么他就很容易陷入一个困境当中。在这种情况下会导致自我意识的缺乏,个人能力的下降等恶性循环。如果一个人将注意力放到和困境无关的活动当中去,那么他就学会了自我升级。根据这个原理,可以发现在我们遇到问题的时候,如果能够很好地转移自己的注意力,借助适当的娱乐活动,将自己沉溺于另外一场活动当中,就可以很好地摆脱困境。

1.1.2 宣泄负面情绪

在生活当中,我们很难始终保持积极的情绪,而那些消极的情绪、负面的情绪却时常出现,并且对我们的生活造成很大的破坏。当这种负面情绪不断积累的时候,它就会产生两种不同的生活方式:一种是会消极地面对生活,对自己的问题处理不恰当,会让自己陷入更多的麻烦当中;还有一种是会对自我产生怀疑,让自己陷入一种对自我否定的心态当中。如果学习情绪管理的话,那么就会明白当陷入了消极的情绪,是需要进行多方面的调节。尽可能地去维护自己的积极情绪,或者是通过多种渠道去释放自己的消极情绪。在生活当中,感到精神压力过大时,要主动去排解压力,或许我们花一点时间去调养自己,会带来更多的力量让自己前进。

1.1.3 提高个人价值

自尊心理的研究表明,自尊是一个动态的自我总体评价过程。如何维持自己的自尊呢?就需要个体在各种活动当中找到自己存在的价值。在自己的学习、工作、事业当中,很多情况下自己的价值会被固定,很难取得更进一步发展,那么就需要在娱乐活动当中,进一步增加自己的价值。在进行娱乐活动选择时,需要根据自己的兴趣与特长,去寻找那些让自己能够有所发展的活动,这样能够更好地建立自己的自尊。在那些自己比较擅长的领域,更好地发挥自己,让自己能够获得一定的称赞,这种赞美对于自尊来说是很有用的。如果你很容易陷入自卑的话,那么找到自己的特长是很有作用的。在娱乐活动当中找到自己的爱好,也会进一步地促进学习工作中自尊的形成。

1.1.4　促进人际关系

竞争心理研究发现,在正式的工作或者学习中,通常会有非常严格的规定来限制参与者,参与其中的人也会因为竞争的关系而分出胜负,这种情况对人际关系的处理是很不好的。通常工作或者学习当中的竞争关系,会让人际关系处于一种紧张的环境当中。与此形成鲜明的对比的是,在休闲娱乐活动中,更容易形成良好的人际关系。竞争意识在被淡化,而合作意识在不断加强。在娱乐活动当中,不仅能够认识到很多志同道合的朋友,而且也能够在活动当中增加自己的见识。所以说,休闲娱乐活动往往能够让我们交到更多的朋友,也能够让我们学习到一些在工作或学习当中无法学到的知识,以及与人合作的宝贵经验。

1.1.5　学习新知新能

因为科技的发展,信息的交流越来越多,每天的生活都在发生着很大的变化,所以我们需要终身学习,来面对每天都在发生的各种变化。终身学习的理念其实并不是特别枯燥的,搭配运用休闲娱乐的方式,它可以让我们更快地学习到新的知识,新的技能,同时也能够让我们在学习的过程中认识到更多的人,感受到更多的生活乐趣。与此同时,也能够让自己的生活变得更加的丰富多彩。

1.1.6　避免角色呆板

社会角色心理理论揭示,任何一个人在正式进入社会生活之后,都会在社会的各种规则之下找到符合自己的位置,这就是社会有序发展带来的必然结果。但是,由此我们可以发现,当一个人的生活过于稳定的时候,就会缺乏对探索事物的好奇心,会被越来越多的社会规则所限制,从而失去了自己的创造力。社会上每一个角色都在扮演着一个固定的样子,缺乏新意。但是在休闲生活当中,每个人都可以发挥自己的特色,让自己的个性得到充分的展示,再也不需要顾及社会中的那些条条框框，让自己能够随心所欲地过自己想要的生活，展现出自己真正的样子。这样，就能够让每一个人有着更多的机会去扮演不同的角色，从而找到更加丰富多彩的生活，改变原本那些刻板的印象。

1.1.7 拓展职业空间

每个人的职业生涯发展是不一样的，所以每个人都需要探索属于自己的职业生涯发展方向，但是这必然是特别辛苦的。在这个过程当中，我们可能会面对错误的选择，陷入迷途。但是在休闲娱乐的环境下，就不需要考虑太多的东西。我们会发现，我们面对的压力并不大，在朋友的帮助之下，我们也能够更好地发挥自己的能力，达成自我实现的目标。

1.1.8 和谐家人关系

在现在的社会当中，紧张的工作和学习压力，让我们渐渐与家人缺乏沟通。这种情况下，如果我们能够和家人一起进行一些休闲娱乐活动，那么就创造了一种全新的环境，可以通过娱乐进行沟通交流，与此同时也能够在娱乐中增加对彼此的了解。在休闲娱乐当中，能够增加自己家庭的和睦，这无疑是非常棒的。

1.1.9 展现关怀爱心

休闲娱乐活动能够让我们远离世俗功利，当我们在进行休闲娱乐活动时，能够将自己最纯真的一面展现出来。和平时的学习工作不同的是，在进行休闲娱乐时我们可以抛弃利益的关系，对他人展现更多的自我。一般情况下，在进行休闲娱乐活动时，我们会更乐于帮助他人，展现我们的爱心。这样的行为不仅对他人有益，对我们自身的升华，也很有帮助。通过观察每个人在进行休闲娱乐活动时的心理行为方式，我们发现无论一个人平时的心理状态是多么的坚硬、自私，在进行休闲娱乐活动时都愿意帮助他人，展现出热心助人的一面。这种现象从专业的角度来说，就是任何一个正常的人都会想着去修复自己在他人心目中的形象。而休闲娱乐活动刚好提供了这样轻松惬意的环境,让人们能够有机会展示出自己真正的样子。

生活中的任何一个人都有着各种各样的需求,而对娱乐的需求,在每个人的心目中,也必然占领着核心的地位。小孩子喜欢玩玩具,老人们希望能够和他人进行交流,成年人也根据自己的生活状态,有着自己的娱乐需求。每个人在平时的生活当中都会有着各种各样的压力,而进行娱乐活动无疑能够让人们将自己从压力中解放出来。比如说玩玩具,可能它对孩子来说是非常正常的,但是对于成年人和老年人来说,玩具也是他们对童年的一种回忆,也会让他们对玩具有更多的喜爱。这一点可以看出,童趣对任何一个人来说都是很好的减压方式。而通过游戏进行娱乐,也是一种童趣的表现。在进行游戏的过程当中,人们也可以不断地开发自己的智力。与此同时,在紧张的生活环境之下,能够让自己得到身体和精神的放松。

娱乐需求心理常常受社会环境、民族文化习惯、地区消费意识,以及消费对象的年龄、性别等多方面因素的影响。中国人和外国人,城市人和农村人,儿童、老人和成年人,甚至我国不同地区和不同民族,其娱乐心理也都不尽相同。但是,娱乐需求心理也存在共性。换句话说,不管什么人都有一些共同的娱乐心理,只要能带给人们舒适享受、奇特新颖、惊险刺激的娱乐,自然会得到大众的喜爱。

1.2 黏土造型的娱乐需求心理优势分析

“给我一团黏土,我可以创造一个世界”,这是黏土艺术家们常说的一句话。黏土艺术真正用于生活当中,要追溯到四千至一万年前的新石器时期,泥塑是黏土艺术中最早的一种表现形式。在人类发展的历史上,黏土被广大人民群众接受,一直伴随着人们的生活、社会的发展而不断传承。黏土的制作以泥土为原料,从最开始的器皿、陶佛像,再到后来的儿童玩具、超轻黏土、纸黏土、黏土动画等,它一直没有间断过。在经过多年的发展演变,黏土艺术已经有了自身独特的艺术价值,在现代社会中,黏土艺术不仅被国内大众所接受,衍生出多种多样的黏土形式,而且它已成为中外关系发展与交流的使者,深受许多外国友人的青睐。随着科技的不断发展,对手工艺品的制造,慢慢地进入了机械加工的时代。但是我们需要看到的是,使用机械进行加工的产品,往往是没有感情的,它只是简单的复制。人们每天都会接触各种各样的机械产品,但是人们内心中最柔软的、最自然的情感往往会被忽视,所以大多数情况下,人们需要将自己的感情有所寄托,而黏土可以满足人们的情感需求。

在高科技的今天,CG 技术的发展渗入人们生活的每个角落。但是,随着数字化时代的到来,快节奏的生活使得人们压力重重,追求童趣成为人们享受与休闲的方式。恰恰是因为工业化以及高科技所带来的机械化充斥着人们的生活,人们对返璞归真和对传统手工质感的情感需求显得尤为强烈。以动画电影为例,现在很多的一些动画电影在进行制作的时候会考虑到对技术的使用,但是这种技术的使用往往忽视了情感的表达,所以经常会出现一部电影,它的制作手法非常高超,但是他并不能获得人们情感上的共鸣。它们过于追求用高科技手段创造画面视觉效果,而忽略了动画的主体内容,结果导致观众出现视觉审美疲劳。做工精良、造型独特的黏土定格动画在这样一个文化背景下重获观众的青睐,黏土动画不再只是儿童的乐园,对于紧张忙碌的成年人来说,能够漫游在无所不在的童趣和无所不能的自由王国里,不能不说是一种莫大的享受和审美的熏陶。人们对自然回归的渴望、对情感的缺失以及对传统美好事物的情感流失被重新唤起,它代表了一种文化的进步,这也是它为什么随着时代科技的进步发展这种传统的艺术形式仍然受欢迎的原因。

1.2.1 黏土艺术家的心理分析

1.2.1.1 黏土造型设计师的心理分析

黏土艺术一直存在,从古代的泥塑、面人,我们小时候玩的橡皮泥到现在的超轻黏土,每个人几乎都玩过可揉可捏可做出任意造型的黏土,黏土的可塑性和可风干的各种特性赋予了黏土新的生命。

黏土造型不再只是在手里把玩或者逛集市的小玩意,也是各国艺术家追捧的艺术材料。在这个时代,黏土可以很艺术!

西班牙的黏土艺术家 Irma Gruenholz 说,她喜欢运用黏土和其他材料来进行创作,结合新奇的背景,用黏土创造出各种神奇的造型,她说,这个时代在变,学好黏土,或许下个艺术家就是你! 见图 1-1。

图 1-1

Christi Friesen 是一位屡获殊荣的艺术家,她的作品已在众多书籍,杂志和展品中展出。不仅如此,她还在世界各地教学,用她幽默和积极的精神鼓励学生们展现他们的创造力和艺术自信。Christi Friesen 对爱好她作品的大家说,对你所做的事情感兴趣,对你周围的事物感兴趣,对你的经历感兴趣,创造自己的兴趣,而黏土可以赋予它们生命! 见图 1-2。

Evgeny Hontor 是一位来自俄罗斯的艺术家,他从 2006 年开始研究雕刻艺术在 2012 年创立了自己的 Etsy 店。他独特的风格和艺术灵感促使他很快成为一名雕刻大师,他本人亲自打理的工作室 Demiurgus Dreams 更是拥有 34,000 多粉丝,因为他的黏土雕塑充满梦幻的色彩,每一个细节都无可挑剔。这些幻

(a)

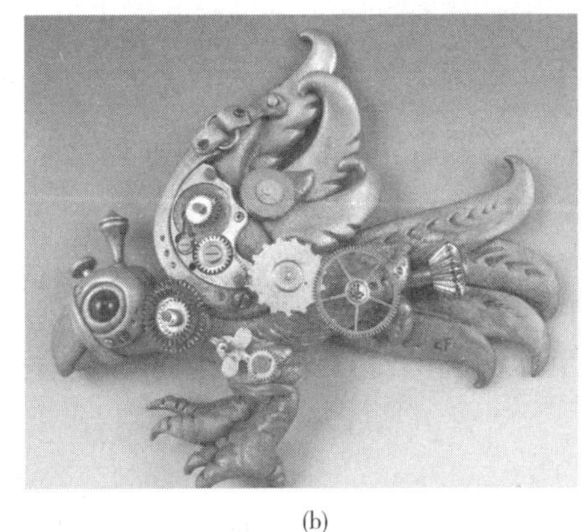

(b)

图 1-2

想风格的雕塑作品,每一件都代表不同的梦幻生物。Evgeny Hontor 自己也表示,这些梦幻生物的创作都源于对生活的不断探索,这些奇幻艺术作品更是让人充满想象的空间(图 1-3)。

(a)

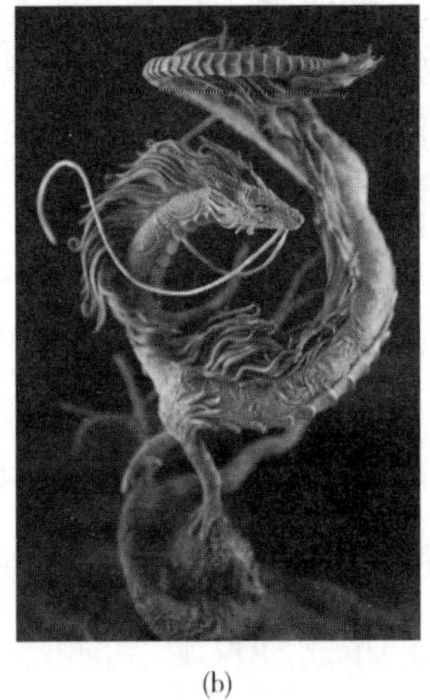

(b)

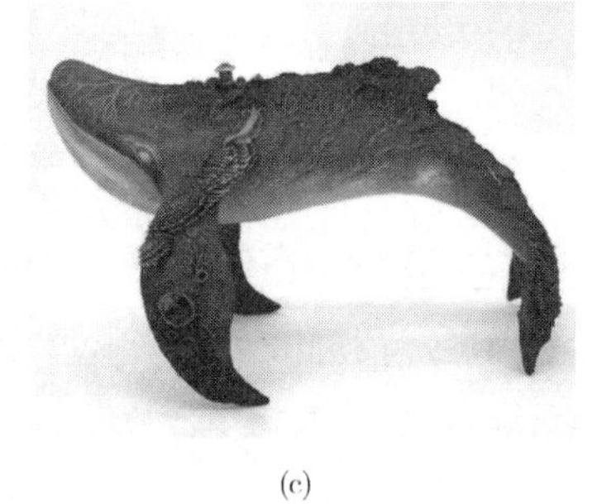

(c)

图 1-3

这些雕刻的奇幻动物都是大师 Evgeny Hontor 的心血之作。动物身上的羽毛雕刻起来非常复杂,然而这项工作却让 Evgeny Hontor 充满了乐趣,当把自己脑海里幻想的动物带到现实的世界,让大家一同欣赏他的创作同时也收获更多的灵感。如今越来越多的人收藏他的作品，这种特别的创作风格也让人产生更多的想象空间。

日本艺术家DEHARA YUKINORI（简称DEHARA），擅长使用纸黏土作为材料创作，打造出各种外形迥异、奇怪有趣的人物角色。DEHARA作品最大的特点就是其独特的“手作感”，即他坚持徒手创作出独一无二的作品。DEHARA的作品有着独特的美学视角，人物夸张怪异，透露出独特的黑色幽默，将幻想与现实相结合，营造出一股莫名其妙的治愈感（图1-4）。

图1-4

DEHARA说，创作时现在一般都还是用纸黏土，陶土、木头等其他材料也都有尝试过，但还是纸黏土最顺手。记者问：“你的作品中有现实中的人物，像上班族大叔还有韩国艺人，同时还有很多幻想中的角色，现实和幻想，你更喜欢哪种类型的创作呢？”他说：“还是喜欢去做幻想中的人物，其实作品中很多基于现实所创造的角色也有很多超现实的元素在里面，总之，把脑海里的形象立体化这点是最喜欢的。”当面对“作为一个坚持手作的创作者，你是如何看待计算机与3D打印技术的呢？”这个问题时，DEHARA很坚决地回答说：“现在在日本，坚持手作的作者也在不断减少，如今技术发展得很快，通过计算机软件和3D打印,原型制作变得非常方便,很多年轻人从入行开始就选择使用计算机创作。不过,我自己还是很喜欢手作的感觉,所以今后还会坚持用手作的方式完成作品。”

美国制作软陶首饰的独立艺术家 Jeffrey Lloyd Dever 设计师 Jeffrey Lloyd Dever 说:“我的作品都是基于我对雕塑的研究,也可以说是对雕塑的更深层次的探索。这些探究源于我每天对生活的物质世界与自然主义的思考,以及它们产生交集的时候。童年时,我居住在新英格兰,所以我习惯从住家附近的山丘、果园、溪流和林地寻找设计灵感。当我用倾注审美观念的眼睛去欣赏这个看似静止的自然世界时,我透过这静止、安静的表面,可以清晰地感觉到一个灵动的精神世界,我们既可以愉悦地畅谈,也可以静静地欣赏它们飞翔的翅膀,以及它们尽情翱翔的样子。”

雕塑家 Jeannine Marchand 出生于波多黎各,她曾就读于克兰布鲁克艺术学院艺术硕士,2009 年受邀成为美国国务院的文化特使,在各地做文化交流。她用单色的雕塑形式,表现平滑的表面。是好奇心,让她去探索记忆和情感,通过灯光和阴影,在可延展的白色陶泥上寻找一种感性的语言(图 1-5)。

(a)

(b)

图 1-5

土耳其艺术家 Hande Aylan 制作了一组陶泥作品,将一些著名艺术家,音乐家(达利、杰克逊、宫崎骏)以小巧精致的彩色陶泥展示出来。他用纤小的手指,细细捏陶,凭借想象的力量,把心中的作品呈现出来。(图 1-6)

(a)

(b)

图 1-6

莫斯科艺术家迈克尔·扎伊科夫(Michael Zajkov)手工制作出一系列超逼真玩偶,他以陶泥为原料,赋予这些玩偶们非凡的生命力。对于这种创作手法,很多网友说,虽然它看上去非常的逼真,能够让人感受到一定的美感,但是与此同时也带有着一定的恐怖色彩。2010年,一次偶然的机会,扎伊科夫萌生了用软陶泥做娃娃的想法,于是便深深爱上了这门艺术,也因此成为陶泥人偶界的大师。扎伊科夫受20世纪初复古装扮的影响,他所制作的娃娃体现出了非常独特的复古美感。当问她,是什么让你想成为一名艺术家?她微笑着说:"我想我并不是什么艺术家,我只是一个手工艺人。"见图1-7。

图 1-7

指尖上的软陶作品,是由一位现居瑞典的玩具雕刻家Mijbil Teko制作而成。她用软陶当作创作材料,其作品小得让人震撼比米粒还小。手艺巧得惊人的Mijbil Teko除了是艺术家之外,还有工程师的身份,她手下最小的摆饰作品比米粒还小,造型有猫、刺猬、鹿、小鸭、猫头鹰等动物,还有一些是飞龙或独角兽这类的魔幻生物。《星球大战:最后的绝地武士》电影上映前,也曾捏出萌萌的 Porg,让星战迷陷入疯狂。她说:“黏土让我体会到生活的乐趣,让我闻着它散发的芳香,是让人快乐的艺术!”(图 1-8)

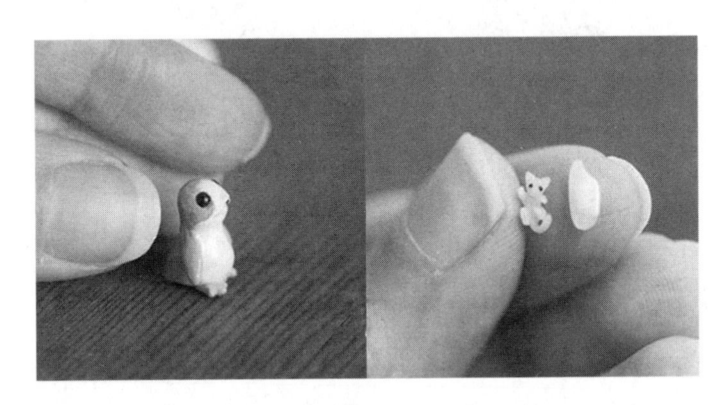

图 1-8

欣赏了国外优秀黏土大师的作品,聆听了他们的心声,我们再来看看国内的艺术家们怎样抟泥悟心,写意传情。

被世人所熟知的便是“泥人张”艺术,距今已有 180 余年历史。“泥人张”彩塑是深得中国百姓厚爱的民间艺术品,它以独树一帜的艺术成就被世人铭记,徐悲鸿先生曾在 20 世纪 30 年代对其做出过如此评价:“虽杨惠之,不足多也”。作为“泥人张”第四代传承人,张锠继承了“泥人张”彩塑艺术传统,又在此基础上吸收了国内外众多艺术之长,形成了造型夸张简洁,形色和谐统一的现代艺术风格,对“泥人张”艺术的发展做出了巨大的贡献。据张锠介绍,传统的“泥人张”技艺承载了书卷之气,亦有人物肖像绘画的技艺借鉴,塑造人物多取自民间生活,手法写形传神,兼具塑容绘质。张锠认为,艺术的传承是一种活态的传承形式,每个时代的审美情趣、审美追求都在发生变化,因此“泥人张”艺术也应该吸纳更多的艺术元素,与当今时代进行完美融合。张锠的雕塑作品极具多元和创新,整合与重塑了泥塑的审美经验、创作理念与表现形式,使彩塑艺术在融合中国艺术与西方艺术、民间艺术与学院艺术等方面形成了贯通(图 1-9)。张锠呼吁人们不仅要更多地关注民族艺术与文化,更需要了解和认同它们,让优秀的民族文化得到积极的传承和延续。

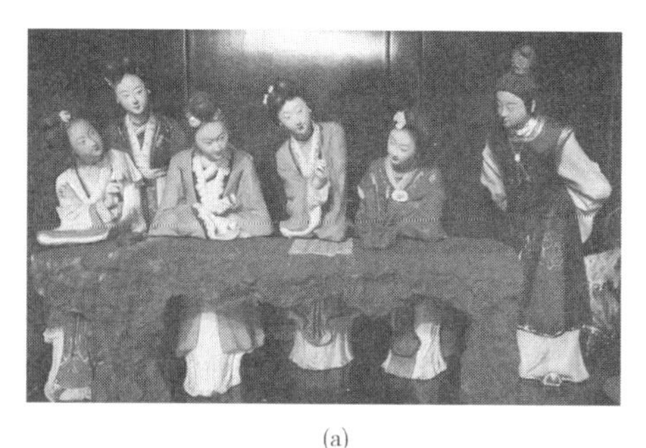

(a)

(b)

图 1-9

磁州窑新一代泥塑艺术传承人——郭晓龙，从小被磁州窑文化耳濡目染，胸怀发展磁州窑的梦想，努力学习并在实际操作中不断充实自己理论知识和实践技能，每道工艺的制作上他都刻苦学习。陶艺是人们用眼、脑、手、脚等各种器官综合调动所产生的可感可触的艺术，感其质、掂其量、悟其质，才能创造出蕴有内心情感生命的陶艺作品。在进行陶艺作品的制作过程当中，每一个艺术家都能够从中发现不一样的美。在这个过程当中，每一个艺术家都能够接近自然，并且能够发现自然中不同的一面，制作出来的陶瓷工艺品也才能够让人们感受到自然的美丽(图 1-10)。

图 1-10

泥塑艺术是中国一种古老的民间艺术。它以泥土为原料，以手工捏制成形。民间泥塑艺术家曹春红说，“艺术追求减法。”所以几块陶泥，在曹春红手里揉捏后，便成了形象夸张，神态逼真的人像泥塑(图 1-11)。“太似为媚俗，不似为欺世”，真人泥塑的捏制，不能拘泥于人物的外在形象，而是应该抓住人物特有的神态，在“似”与“不

图 1-11

似”之间，给人以广阔的想象空间。

中国非物质文化遗产传承人肖亚岑设计的名为《味道》的独具重庆特色的陶艺品（图 1-12）。这个作品的主体是一个土黄色的大碗，碗里面乘着满满的重庆小面，而有一部分小面是被一双筷子挑起的，给人一种似乎有人要吃面的感觉。而在大碗的不远处站着一个小泥人，正抬着头，张着大嘴，笑眯眯地看向被筷子夹起来的小面。当传统陶艺来到了重庆，陶泥就变成了有着重庆味道的小面，充分体现了艺术来源于生活的理念。从黏土造型的制作来说，制作黏土所需要的原材料为泥土，制作简单方便，不需要任何技术，可以根据自己的喜好随意捏制。从黏土的题材来说，进民间艺人通过一些美好的神话传说，通过自己丰富的想象力和灵活的双手，制作出栩栩如生的人物、动物和场景。黏土艺术家们经过不断的探索与创新，创造出一些制作精美黏土的技法，在制作黏土艺术品时更注重黏土自身的艺术性，融入当地的地方特色，提高了黏土的经济价值。

图 1-12

著名黏土艺术家迪达拉曾经说过："艺术是具有爆炸性的，而黏土是永恒的。"可以看到，黏土和人类的生活息息相关。一直到现在，黏土艺术以各种形式遍布在世界各地，黏土仍然用其独特的魅力吸引着艺术家们的眼球，让他们用艺术的双手创造着永恒的黏土艺术品，赋予黏土更加多元独特的魅力。

1.2.1.2　黏土动画设计师的心理分析

黏土动画是以逐格技术拍摄的动画，它逐格拍摄对象然后连续放映，从而产生仿佛有生命的人物或人们无法想象到的任何奇异景象。逐格动画摄影技术是一项古老的摄影技术，它主要使用的原理就是利用摄像机拍摄在不同空间位置的物体，把它们串联起来，组成一部动画。黏土动画作为动画历史上有着鲜明特点的动画形式，在进行制作的时候会根据不同的类型进行不同的选择。比如说传统的偶动画（人偶动画），根据制作人偶的材料的不同，可以分为不同的动画类型，即黏土、木头、纸、乳胶和硅胶等。黏土动画和其他的动画类型最不同的一点在于它的主角既可以是人物，也可以是其他任何东西，只要能够使用黏土或者其他材料进行创作，那么一切形象都可以作为黏土动画的角色。喜闻乐见的是，在现在的动画电影行业，很多国际动画大师都在探索黏土动画的创作，这对于黏土动画的发展有着很大的作用。

黏土动画是一种非常独特的艺术形式，因此它也有着不同于其他动画的独特魅力。黏土动画主要使用的是一种三维的符号化形象，让人能够产生一种新奇和探索的欲望。因为制作材料的关系，黏土动画的角色能够被任意地改造，也正是因为材料的选择，所以让黏土造型有着更高的可塑性。大多数制作黏土动画的工作者在进行角色的塑造的时候，会相对地去强调纯朴的手工质感，强调一种比较朴实的风格，而这种风格也是人们所能接受和喜爱的。

我看过一个关于端午节“划龙舟”和“吃粽子”的黏土动画小短片，短短的十几秒，却糅合了黏土艺术家丰富的想象力、天才的创造力和强烈的艺术表现力，堪称动画中的艺术品。为了更好地进行动画模拟，设计师们选用一些不同的材料进行一些动画的模拟，使用各种不同的材料来进行不同的动画表现。

为了表现出波光粼粼的湖面，设计师恰到好处地使用了亮面的珠光纸；粽子溅起的水花和龙舟划过的涟漪，用珍珠水钻和锡箔纸这种具有反光材质的物品进行模拟；棉花这种蓬松亮白的材料对模拟粽子冲入水中的水花特别具有表现性；优选的材料下能够能“粽子”落水达到更好的呈现效果（图1-13）。

黏土动画中的物体，都是设计师们一点一点地用黏土雕刻并创作出来的。在创作这些黏土艺术品的过程中，他们选用不同颜色的黏土，采用刀具、滚轮、镊子进行辅助加工，一点一点地用黏土雕刻、创作出来的。结合自己的想象力

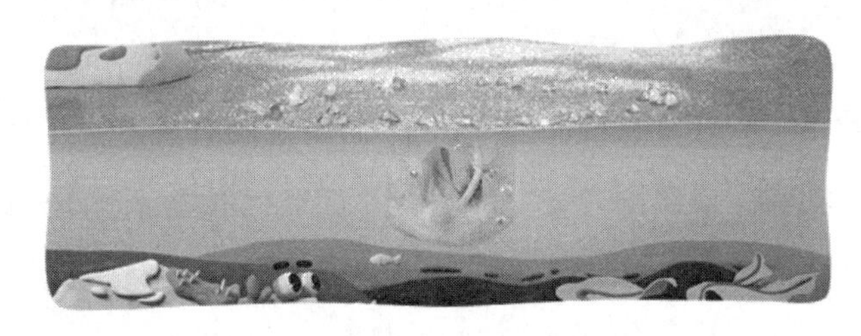

图 1-13

用手指“轻拢慢捻抹复挑”，捏出一个个逼真的局部造型，而后组合创作成一个整体。为了更真实更细致地表现鱼从发现粽子到张嘴吃掉粽子的一系列动作变化和表情变化，作者就一连创作了六条不同动作和形态的鱼来表现这个渐进的过程（图 1-14）。所以，黏土动画的制作是极其烦琐的。

黏土动画给人一种自然淳朴的享受。从选料到手工制作、设计都是纯天然的，一气呵成。在当今工业流水线艺术品泛滥的今天犹如一股清流，洗涤人们的浮躁之心，带给我们无尽的乐趣。

我们可以看到，黏土动画和计算机制作出来的三维动画最不同的一点在于，黏土动画的原型是实际存在的。正是因为这种存在，让黏土动画看上去更加具有真实感。黏土动画的材料在生活中也能较为轻易地获得，让人们在观看了黏土动画之后，也有着想要自己亲手制作的欲望。

纸黏土定格动画《小王子》是近几年学院派的代表作。黏土动画创作成功

图 1-14

以后,又推出小王子的游戏版本。黏土造型的制作是非常重要的,决定着整个场景的视觉效果。黏土使用了软陶和轻黏土两种材料,软陶制作需要雕刻纹理的部件,轻黏土捏制造型圆润松软的部件(图 1-15)。

在现代高科技不断盛行的时候,越来越多的工作者会选择使用计算机,创造出三维动画。或许计算机技术能够带来强烈的视觉冲击感,但是在对人们的亲切感的培养上是匮乏的。在大量的三维动画的冲击之下,人们会发现对于这种技术有了一定的审美疲劳,他们想要看到更加新颖的动画形式。黏土动画作为一种较为真实存在的动画形式,在这个返璞归真、逆流而上、对传统手工质感需求强烈的年代,成为动画行业的一个新宠。在黏土动画制作的过程当中,大量地使用了逐格拍摄的技术,让动画形象由静止变为运动,这种形式往往会产生让人意想不到的动画效果,它有计算机动画没有的实在感和实物的亲切感。❶即使做长篇逐帧定格动画光靠“逐格拍摄法”很难完成,即使可以利用计算机来模拟黏土的质感,即使运用黏土制作并且拍摄时间非常烦琐,但是,黏土设计师

❶ 卢晶蕊. 黏土动画角色设计的应用研究[D]. 上海:东华大学,2009.

们还是摒弃不了这种独具魅力而古老的艺术形式。

(a)

(b)

(c)

图 1-15

前段时间看到守艺工作室创始人路岩和陆军的采访,颇有感触。守艺工作室是 2013 年成立的黏土动画团队。2014 年和 2015 年央视一套春节期间播放的黏土动画宣传片就是出自他们之手。这种新颖的栏目包装形式,充满了趣味与中国特色。有几个问题我印象特别深刻,当被问到他们与黏土动画的缘分时,路岩说;“从我小的时候父亲就在木偶剧团工作,那时候我就经常去他们的道具组,耳濡目染,自然而然地就喜欢上造型艺术了。之后一直从事和立体造型相关的行业。偶然的一个机会在北京电影学院参与了一个黏土动画项目,从此就爱上了这门艺术形式。”当被问到“国外有许多优秀的黏土动画团队,他们身上有哪些是值得我们借鉴学习的?”他们都很坚定地说;“我觉得民族的才是世界的,不能盲目地去跟风。现在你可以学蒂姆·波顿,学阿德曼,可以抄得八九不离十,但文化的东西是根深蒂固的。比如老陆,他做四合院就 OK,我们拼的不是技术,拼的是一种文化,是我们自身血液里流淌的东西。基于这种文化,进行故事以及人物场景的设计,才会给人眼前一亮的感觉。盲目地学国外,做出来的东西只会特别别扭,还不如踏踏实实做回你自己,更能深入进去。之前我和老陆在技术学习上也有过争论,比如说立体打印,刚开始我特别抵触，因为我觉得黏土动画之所以让我们感动，是因为他是纯手工打造的。但是现在，我的思想有一些转变，我觉得这种现代科技可以用，但是不能依赖。黏土动画是要接地气的，有些外国团队做的黏土动画非常好，一点都看不出来是定格动画，完全没有瑕疵，甚至感觉像三维的动画作品。而我个人还是觉得黏土动画那种最质朴的东西才最能感动人，不要只在技术上较劲，而要在故事上、文化上多挖掘，这样做出来的黏土动画才会被更多人接受。”

正是因为黏土动画有着这样让人意想不到的独特魅力，它才能够让设计者有着更多地发挥想象的空间。黏土动画在进行制作的时候，能够凭借它的形象反映出现实生活中的点点滴滴，让人们能够更好地接受黏土动画。也正是因为黏土动画角色造型的设计，很多情况下是由设计者所把控的，所以设计者们可以根据需求对造型进行随意拉伸、重塑以及改造，不仅能够在黏土角色造型上千变万化，也可以使黏土造型的设计者们将自己丰富的想象力、创造力以及强烈的个人风格完美展现，以最大限度地满足观众的审美要求。对这些设计者或者艺术家来说，他们最重要的就是能够发挥自己天马行空的想象，让角色既能够吸引人眼球，又能够反映现实生活。

黏土动画在进行视觉效果营造的同时，会利用各种灯光的巧妙配合，让它产生出一种和谐的画面感。与现代的计算机技术相比，黏土动画的场景设计更加具有真实感。艺术家手中的一根铁丝、一块泥土，当它们快乐地跳起舞来时，我们可以感受到这种细腻的真实感，这是其他动画形式所无法比拟的。而这也正是它能够成为所有动画设计师无法割舍、不断探索和创作的一个重要原因。

1.2.2 黏土造型受众的心理分析

为什么人有焦躁、忧虑、心悸、失眠、易怒、多疑、孤独、抑郁等这些情绪压力在？归根于一个“累”字！减压的方式有很多种，但多数都需要花费大量金钱时间和精力。黏土则不同，不需要大量的金钱时间和精力，你都可以轻松使用，非常适合大众使用。黏土可以使你减轻生活的压力，放下对手机的依赖，找回美好的生活时光。手工制作的过程是非常烦琐的，所以它需要人们全身心地投入，在人们投入手工制作的过程当中，就会把面临的其他问题暂时抛于脑后。因此，对人们来说，制作手工工艺品也是一种很好的减压方式。

(1)外形。就黏土动画角色形象而言，在动画艺术的语言表达中，最先要考虑的问题是，如何赋予黏土动画形象特殊的符号意义。黏土动画在进行制作的过程当中，作者会根据黏土动画特定的情境赋予黏土动画形象不同的意义。因为黏土造型的可塑性非常强，所以设计者可以通过它们进行天马行空的想象。设计者在进行设计的过程当中，不仅仅可以使用夸张变形的手法，来创造独特的形象，也能够利用不同的变化来处理不同的形象。

运动是动画最为重要的特征，也是最富有表现力和感染力的视觉元素。在进行动作的设计的过程当中，黏土动画角色充分体现了设计者的想象力。人们所设计的动作不仅仅是来源于生活，它更多的是加入了对于生活的理解。在这种理解之上，设计者将更深层次的形象和动作加入到了动画当中，让人们能够有一种新奇的体验。

(2)色彩。色彩与光是不可分离的，大自然的景象正是通过与色彩的有机融合，才让我们感知到它的多姿多彩和五彩斑斓。色彩的客观特性与人们对它的主观性认知，形成了色彩的神秘感和张力感，等这两种感知被投射到动画作品之中，色彩便成为动画艺术充满活力的源泉。

在黏土造型的创作过程中，角色时常被赋予不同的色彩，来表现不同的角色属性、角色性格以及角色的心理世界。这些色彩的运用成功地符合了人们对色彩的认知感觉，容易使观众获得心理上的满足。在黏土动画中，为了营造各种场景氛围，设计师们通常会将色彩与光相配合，从而向观众传递更深层的寓意。《僵尸新娘》中的忧郁表情结合人物服饰，与场景的灰色调子，让人体会到她内心的矛盾与挣扎，人间世界的暗淡无光(图1-16)与“地下”僵尸世界的色彩斑斓(图1-17)，给人一种强烈的视觉冲击，从而引发不同的心理共鸣；又或者《超级无敌掌门狗》里常常用的彩色调子，又让人通过小狗阿高的外在形象，一下看到了它作为一个孩子活泼的性格、好奇的内心以及对世间万物的美好期待(图1-18)。

图 1-16

图 1-17

(a)　　(b)

图 1-18

(3)材质。黏土动画,顾名思义,它在进行动画形象设计时,使用的最基本的材料就是黏土。黏土相比于其他材料具有的一个重要特点是,它具有很强的可重塑性。因此,在进行设计的时候,和其他材料相比,黏土设计者愿意更多地进行尝试,找到最符合他的想法的形象。除了外形的设计能够活灵活现,对面部表情的把控,也能够做到因情况而进行改变,黏土形象的个性化设计也是计算机技术所无法创造出来的。黏土形象在进行设计的时候,投入了设计者无与伦比的心血,再加上灯光和场景布置的结合,让人们感受到更加真实的感觉,让人们体会到更加细腻的感受。那个自己也能够捏着泥巴,玩小人儿的时代。也正是因为这种感知的召唤,才能吸引更多的受众。人们在观看黏土动画的时候,能够唤起自己儿时的记忆,能够将自己置身于那个童真时代,在纷忙的生活当中,给自己的内心寻找一片净土。

对大多数人来说,黏土并不陌生。每个人在儿时都会玩泥巴,或者玩橡皮泥,他们小时候会进行人物或是其他形象的设计,而黏土动画也就是和这类似的一种手工技术表达。因此,对于每一个观看黏土动画的人来说,都能够唤起人们内心的共鸣,这样能够给动画添加一份不同的情感,让人们在喧嚣压力的世界中,回忆起儿时纯真的记忆,感受返璞归真的归属感和永不泯灭的童真乐趣。

1.2.2.1 黏土造型的儿童心理优势分析

对每一个家庭乃至整个社会、甚至整个国家来说,儿童都是非常重要的一部分。儿童的发展对家庭、社会和国家有着无与伦比的重要作用。无论是家庭教育还是社会教育、国家教育都将儿童摆在了至关重要的位置。如何培养孩子,如何让孩子发挥出更强的能力,是每一个成年人都在考虑的问题。

游戏是儿童必备的娱乐方式,通过网络及线下问卷调查得出以下结论。

(1)在选择游戏的时候,家长们更愿意选择那些更加安全,更加具有质量的游戏。也更加愿意选择那种有利于孩子智力发展、动手性强的玩具。

超轻黏土是一种新型环保、无毒、自然风干的手工造型材料,它是纸黏土的一种新型形式。相比陶泥来说，质感更轻、杂质更少，并且不粘手，颜色也特别的丰富，能够按比例混色，易成型。它不需要像传统材料那样通过高温烘烤成型，值得注意的是，超轻黏土手感比陶泥柔软，成型比橡皮泥有韧性，它能够自然风干，不会变形，不会出现裂纹，存放四至五年都不会变质。对儿童来说，自己制造出来的产品也能够当作自己平时的玩具，能够更加增添他们对于创作的投入。在进行玩具设计的过程当中，有着他们自己天马行空的想象力，也有着他们动手能力的培养。

（2）小孩子对不规则的形状和圆形的形状有着更加浓厚的兴趣。因此，在孩子的吸引力方面，在众多玩具造型当中，有独特趣味造型和有声音的玩具更受孩子们的青睐。卡通形象造型最能够吸引孩子，其次是动植物造型以及各种交通工具的造型。而颜色方面，暖色调的玩具更加吸引孩子。黏土既能够让孩子变化出不同的形状，又可以吸引孩子们的注意力，无疑是非常适合孩子们进行玩耍的。

（3）每隔 1 到 3 个月，孩子们就会对一个新玩具或者一个新游戏感到厌烦。所以家长在玩具或者游戏的选择上，更愿意选择那些具有智力开发作用的产品，玩法的多样性也是家长们考虑的一部分。动手类的产品对孩子们来说就具有很高的吸引力，孩子们不仅能够进行自我的个人创作，而且也不会在较短的时间内对它失去兴趣。

著名教育家苏霍姆林斯基说：“儿童的智力和才干来自他们的指尖。孩子们的手越巧，就越聪明。”黏土作为开发儿童手脑并用、提高创造力水平的工具受到广泛关注。随着科技发展，新型手工材料在市面上逐渐流行，超轻黏土就是一种相较传统陶泥、面泥等更为环保安全、便于黏土教学的塑形材料，且成色鲜丽，对儿童心理需求更能突出对创造力的影响。

“在儿童发展和成长的过程中，动手是比语言文字更早被儿童用来表述思想、宣泄情绪和创造自己世界的一种有效途径。”我们可以发现在学前教育的过程当中，有着大量的绘画、手工剪纸这些课程，但是和剪纸以及绘画这种二维的课程相比，黏土具有三维的立体感，让孩子们更充满兴趣。

黏土创作是一种具有综合形式的创作艺术。在进行创作的过程当中,既包含了趣味性,也包含了创造性,更有一种艺术性。黏土它有着丰富多彩的色彩,每一个孩子在进行黏土的创作过程中,生动可爱的造型深深吸引着孩子们想要动手的激情,在制作中反复的欣赏、操作、再欣赏、再操作,柔软的触感以及创作的热情同时会吸引更多的孩子参与创作。在制作过程当中,孩子们都能够不断地进行探索,对他们的作品进行不断的加工。孩子们用自己的小手去触摸、去感知,感受黏土的每一丝质地,通过自己的心去进行交流。孩子们的天马行空,能够让他们在整个创作的过程当中,发现美、欣赏美、体验美、表现美,在不知不觉玩耍的过程中激发和培养了儿童的各项能力。

优势1:黏土具有色彩鲜艳、形象逼真、容易操作的特点,它是每个孩子抒发自己情感、发挥创意想象的途径之一。黏土艺术可以锻炼儿童的选择能力和思考分析能力,直观地反映出儿童的色彩感知能力和心理效应,培养孩子们的审美能力、想象力和创造能力。

优势2:黏土艺术对于儿童的智力开发有着非常重要的作用。孩子们可以在进行创作的过程当中,打开自己的思维,进行更多的探索,能够更多地体验生活,能够不断地增加自己的智力,能够让自己有更加健康的身心,也能够有更强的动手能力。每一个孩子在对图片进行分析之后,形成了他自己的想法,在创作过程当中,能够将想法不断地去升华,让孩子增加自己的空间思维能力。孩子们对丰富多彩的黏土有着自己的想象,也有着他们创作的欲望。每一个孩子在通过对色彩的感知过程当中,便会对这个世界产生更多的认识,感受着这丰富多彩的世界。

优势3:黏土艺术对每一个孩子的个性发展以及创造力的启发有着非常重要的作用。当孩子们手握住一块黏土的时候,他们能够对这个黏土有着非常直接的接触,在他们的不断想象过程当中,对黏土的形状进行塑造,创作出千奇百怪的样子,这样也能够让孩子们对他产生更多的喜爱。在整个创作过程当中,能够不断增强孩子的探索能力。与此同时,孩子们是用自己的手来进行创作的,这也能够很大程度地增强孩子们的动手能力。与此同时,黏土还会促进大脑开发,将手指、手掌、手腕的不同位置,以及大脑、眼睛各方位的结合,促进孩子的综合能力。黏土创作的过程当中,对孩子来说这是各方面能力都在不断增长的一个过程。

优势4:黏土艺术提高了儿童的艺术欣赏能力和审美意识。弗洛伊德曾说过:“游戏中的少年儿童都与创造性艺术家一样,是在创造一个他自己的世界,是在以一种使自己快乐的新方式重新安排他世界里的东西,并赋予了极大的情感,他创造了他极认真对待的幻想世界”。因此,对每一个孩子来说,他在玩黏土的过程当中,也是一种对自己艺术潜能的探索。他们在创作的过程中,将自己对于色彩、造型、美感的理解进行了一定程度上的发挥。通过黏土造型的展示,孩子们发现对艺术的感知。儿童的思维世界是丰富多彩的,儿童的个性发展是不可掌控的。正所谓“一千个儿童就有一千个哈姆雷特”,他们那些脑洞大开的创造力,丰富多彩的想象力,搭配黏土制作出各种不同的造型,往往会让人眼前一亮,惊喜连连。

优势5:在进行黏土艺术创作的过程当中,能够让每一个孩子相互合作,从而促进彼此的友谊,也能够让他们互相学习,提高自己的审美能力,陶冶自己的情操。儿童们制作出来的每一个作品,他们的造型都是非常可爱的,充满着童真。每一个孩子都希望自己的作品能够得到别人的欣赏,虽然用成年人的眼光来看待这些不那么精美的作品,但是每一个作品都是充满着童真童趣。孩子们在完成自己的作品之后,也会去观看别人的作品,当自己的作品得到表扬的时候,他们会有一些自豪感和成就感。

优势6:在黏土创作的过程中,家长能够和孩子一同进行创作,并且能够引导孩子们进行智力的开发,这对孩子来说是非常好的。在孩子们第一次接触这种创作形式的时候,家长们通过一些基础的引导,让孩子们掌握了基本的方法之后,孩子们能够运用自己的想象,在基本的使用方法上进行更加丰富多彩的创作。在整个创作的过程中,孩子们能够充分发挥自己的想象力以及动手能力并且能够增强他们的动手能力和想象力,以及开发他们的智力。孩子们的潜能不断地被激发,他们在不断地学习,也在不断地进行创作。对每一个孩子来说,这个过程都是非常有用的。

黏土塑造出来的形象贴近现实,色彩也更加艳丽,强烈的视觉冲击效果能够激发儿童的创作欲望,和孩子们接触到的绘画、剪纸或者其他的一些二维的产品相比,黏土有着更加具体的展示,能够让孩子们有更强的立体感,对黏土有更多地把玩性,也能够让孩子们产生更加丰富多彩的想象力(图 1-19)。

(a)

(b)

(c)

图 1-19

1.2.2.2 黏土造型的成人心理优势分析

对大多数成年人来说,在工作之余都希望有一些治愈性的卡通形象来帮助保持自己的心理状态。他们会选择购买一些卡通形象的产品,这种消费行为,其实是为了能够和孩子继续保持交流,也是想表达自己对童年的回忆。

在科技时代,无论是游戏还是玩具,在进行发展的过程中,都强调互动的理念。互动的方式有很多种,比如说视觉互动、听觉互动、触觉互动以及味觉互动,不同的互动形式也对应着不同的特点,主要体现在色彩、音乐、质感以及气味的设计上。因为黏土必须手工制作,从这个动态的过程中,我们可以得到成就感和愉悦感。在某种程度上,它指的是人与产品之间的互动过程。

能不能高效地给予产品情感互动的能力,在一定程度上决定了产品能不能和人进行友好的沟通。所有的产品都在强调情感物化,而情感物化就是指从产品的颜色、质地、图案、形状等基本造型元素入手,把这种情感传递给产品的实物。在使产品可爱、有吸引力之后,可以使用户体验到使用的成就感和愉悦感,以及对产品所传达的感官情感和使用表达。而黏土可以先从色彩、材质吸引受众，在制作的过程中人们通过动手能力揉捏出一个个生动可爱的形象，而且可以很好地与朋友、家人、孩子进行交流，甚至回忆儿童时期玩黏土的趣味经历和故事。所以，黏土是深层次的情感物化，能让人们在欣赏它和使用它的过程中体会到更深层次的情感。

这一情感物化的理论同样适用于黏土动画，在多重的视觉刺激下加深人们对黏土形象的喜爱。人们在与黏土动画的交流过程当中，可以更多地感受到黏土形象带给我们每个人的快乐。与此同时，我们应该认识到这也是黏土对人的一种影响——一种情感物化的具体表现。情感物化的程度越深，那么产品对人产生的影响就越大，人们对产品的购买能力就越强。卡通形象的产生与活跃，在一定程度上都影响着人们的喜爱，甚至决定着人们的价值观，而黏土可以做到这一点。

其实，国外黏土动画的市场发展已经非常成熟。黏土动画在英国有着深厚的群众基础，在他们慢节奏的生活里，随处可见出售“微型景观”的商店。家具、电器和日常用品都很齐全，他们就可以自己装饰一座英国的小建筑。这种玩具需要很大的耐心和时间，这的确和拥有内敛、平和的思维方式的英国人不谋而合。

但是，在国内，一个大老爷们去看黏土动画片就会变成一个天大的笑话，除非你是带着自己的小孩去电影院观看。但是黏土动画在未来是有市场的，不只有电影产品，未来黏土动画还有可能衍生出一些产品，甚至主题乐园，这都是可行的。我们现阶段做的是一种黏土动画的影片，而不是动画片。一谈到动画片，人们的第一反应就是小孩子看的。但国外的动画片很多都是给成人看的，像澳大利亚的黏土动画《玛丽与马克思》，当然，黏土动画不但需要优良的制作，还需要一个很好的剧本。

随着时间的推移、环境的影响、生活的压力，人们孩子般的快乐逐渐消失。然而，在人们心中，童心始终占有相当大的地位。它将以独特的方式引起人们的共鸣，从而忘记烦恼，带来无尽的幸福感。童年时玩泥巴的经历使我们更容易理解,普通的泥巴能让我们体会双手的触觉和泥巴的气味。泥巴在我们手上不断变化,用我们所有的想象力塑造它,使你忘记周围的一切,直到它变成一件手工艺品。黏土动画无疑是最有效、最有魅力的艺术形式,它可以帮助人们第一时间回到童年,可以忘记压抑、摒弃现实的压力。

人的内心情感细腻丰富。童年的时候,人们对花、草、树、山、鸟、鱼、昆虫和其他自然事物有着普遍的爱;他们对母亲也有依恋,对父亲也有依恋;他们对身边的同伴也有信任和爱;他们对美好的爱也有着纯真的幻想。可以说,童年是带着一颗充满爱的心去看世界的,他们有一种冲动去爱世界上的一切,他们爱世界,也希望世界爱他。然而,随着时间的推移,人们的好心情和纯净心理似乎消失了,所以在这种竞争激烈的快节奏生活中,找回童年的情感诉求尤为重要。欣赏黏土动画不仅激发了人们童年的兴趣,而且慢慢地回忆起童年的点点滴滴。黏土动画运用自然界中的动物和人物,打开人们的心扉,诠释出巨大的情感和爱,这不仅吸引了许多孩子,而且还触动了屏幕前每个成年人的心。

现在的社会是一个竞争非常激烈的社会,人们每天都在面临着各种压力以及挑战,每天都需要匆忙地进行自己的每一项工作,生活因此被挤压。在这种情况下,人们的内心难免产生一种失落感和压迫感。每一个人都想回归自然,拥抱自然,都想找到内心的一片净土。黏土动画艺术创作的美感,以及它和自然的联系,使人们对它有了更多的吸引力。当人们在欣赏黏土动画的过程当中,会发现自己既能够感受到和自然相处的快乐;在制作黏土作品的过程中,呼唤纯真。黏土无疑是人们调整心态的最佳选择之一,它已成为一种流行的艺术形式。

我们的压力来自于成年人需要背负太多的工作和责任,大脑一直处于紧张的状态,如果有机会投入到一件轻松的事情,在制作黏土时,这个看似简单的行为会让我们享受一个彻底放松过程。心理的作用渗透在我们生活中的每一个角落,有个心理学家曾说过,游戏、音乐、卡牌、黏土、都可以是我们心灵疗愈的好载体。

越来越多的社区或者机构都会组织黏土手工这样的活动,对孩子来说,它是撕不烂扯不坏的宝贝,而且随便你怎么揉搓,都能达到意想不到的效果,并且在玩的过程中可以充分锻炼孩子的动手能力,如果孩子用一对黏土制作出形形色色的造型,还可以大大提高他们的创作能力和想象能力。对成年人来说,它也是一种宣泄压力的方法,与其拿着枕头、方便面来撒气,不如化压力为创意力,用黏土制作成各种小动物,把它们固定住晾干后,摆在家中或做成小挂件,也不失为一种情趣！而且如果跟孩子一起合作完成一个作品的话,也可以促进跟孩子之间的亲子关系。

一组爸爸妈妈们黏土手工作品欣赏,虽然不是最精致的那种,但却给人一种返璞归真般的童趣感(图 1-20)。

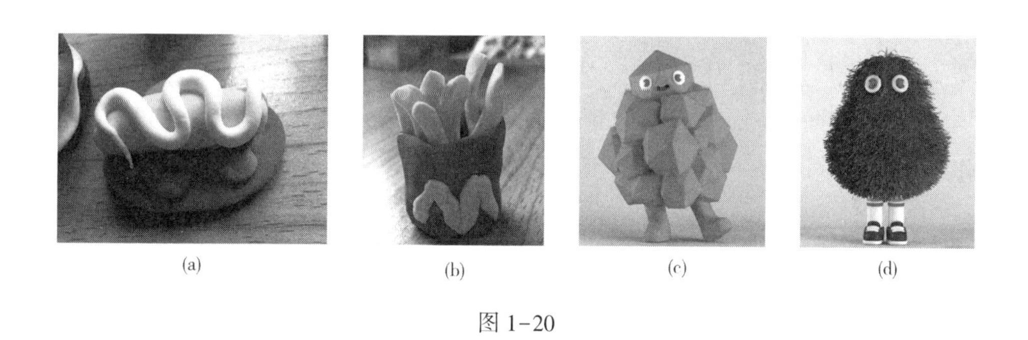

(a)　(b)　(c)　(d)

图 1-20

1.3　娱乐需求心理影响下的黏土动画

1.3.1　黏土动画产生的基础

黏土动画作为一种传统、老式的非主流动画制作形式,具有独特的艺术风格。原始质感的肌理感受、富有个性和生命力的动作表现以及立体直观的视觉效果所呈现的真实感和空间感,使黏土动画具备其他动画形式不可比拟的魅力。

黏土定格动画，是通过逐格地拍摄静止的对象然后连续放映，从而产生仿佛有生命力的人物或你无法想象到的任何奇异角色的动画效果。通常所指的黏土定格动画一般都是由木偶、黏土或混合材料的角色来演出的。而逐格动画拍摄法的发明，是视觉暂留原理的最初应用。视觉暂留原理，源于英国科学家彼得·罗杰提交的名为《移动物体的视觉暂留现象》，报告中指出形象刺激在最初显露后，在视网膜上能停留一段时间，当多个刺激以相当快的速度连续显现时，在视网膜上的信号会重叠起来，这一形象就成为连续进行的。在这一原理的基础之上，黏土动画等诸多动画艺术应运而生。

黏土动画作为定格动画的一个分支，也是通过逐帧拍摄制作的。黏土动画以其简单易懂的语言和略显笨拙的造型技术在动画领域占有重要的地位。黏土动画包括脚本制作、镜头绘制、角色设定与制作、道具场景制作、拍摄、合成等过程，可以说，黏土动画堪称是动画中的艺术作品。早期的黏土动画制作中，黏土是主要的材料，这在很大程度上依赖于手工制作。静态对象被逐帧拍摄，然后连续投影，从而产生普通角色的动画效果和任何你能想象到的奇妙效果。这决定了黏土动画具有简单、原始、色彩丰富、自然、立体、梦幻的艺术特征❶。

传统定格动画早在1895年电影媒体发明后的十年左右就开始发展了。在1906~1908年，英国人亚瑟·墨尔本·库伯将各种自制玩具放置在街道的布景中，利用逐格拍摄技术，拍摄出玩具穿梭街头的动画影片，堪称是最早的定格动画。1910年，拉迪斯洛·斯塔维奇拍摄的一部以甲虫为角色的影片《甲虫大战》，将甲虫标本以细铁丝为支撑骨架，逐格移动拍摄并完成了该片❷。

1915年，《失落的环节》——威尔斯·奥布莱恩导演的第一部黏土动画短片成功问世。紧接着，他又创作了多部至今为人称赞的黏土定格动画片，其中，当属《金刚》（图1-21）最为出名，至今都被人津津乐道。《金刚》的出现震惊四

---

❶ 来自百度百科：黏土动画。

❷ 余为政，等．动画笔记［M］．北京：京华出版社，2010.

座,它成功地让人们了解到定格技术的独特魅力,引起了一大批优秀的动画师、艺术家们师投入到了黏土定格动画的拍摄创作当中,广大群众也对这门新技术产生了浓厚的兴趣。威尔斯·奥布莱恩可以说是黏土定格动画的开山鼻祖。[1]

图 1-21

1.3.2 黏土动画角色的艺术魅力

黏土动画完全由艺术家手工制作,如英国阿德曼公司制作的黏土动画《超级无敌掌门狗》系列(图 1-22),仅动画部分的制作人员就有 30 余人,花了两年的时间才完成。使用逐格拍摄的方法是非常消耗时间的,一般情况下,一天只能够拍摄到几秒钟的镜头,正是因为拍摄速度过慢,所以导致了这种拍摄手法很难得到发展和使用。每一个制作黏土动画的创造者都需要花费大量的精力以及足够的耐心,才能够制作出一部完整的动画。在制作过程中,他们需要对人物的形象进行塑造,也需要对人物的每一个动作,每一个位置进行严格的把控。创作者在自己进行创作的过程当中也需要注意各方面的要求,才能够让动画制作得更加完美。所以,黏土动画师不仅要愿意挑战极其烦琐、费时费力的技艺并且需要技术高超的雕塑能力,而且还能够在这个过程当中享受黏土所带来的快乐,即使这份快乐是非常辛苦和劳累的。

---

[1] 卢晶蕊. 黏土动画角色设计的应用研究[D]. 上海:东华大学. 硕士学位论文,2009.

(a) (b) (c)

(d) (e) (f)

图 1-22

黏土有着很不一样的皮肤质感，甚至在黏土上还留下了设计师的感觉。在《超级无敌掌门狗》系列中，主角身上的衣着、家具的摆放、餐具等，还有主人各种稀奇古怪的发明，一切细节都让你感觉到这就是你身边最真实的生活。这些元素的完美组合构成了黏土动画原始的美感，散发出黏土动画特有的魅力，给人一种踏实温暖的感觉。

(1)黏土造型材质美感。黏土动画在进行角色的捏造时因为黏土的特色，角色身上有着显著的肌理效果，有的时候甚至在最后的动画展现上还有人的手印。黏土作为黏土动画的主要材料，在制作黏土动画时，黏土这种材料会保持它原本的独特的肌理效果以及其原始的质感。在观赏《超级无敌掌门狗》动画电影系列时，不难发现，影片中的角色外表可以看到动画师的手印，角色也并不是光滑的，而是带有明显的黏土质感与纹理。因为雕刻手法的不同，所以在黏土动画当中，每一个角色也会在不同的画面当中产生不同的形象。这样会导致整个画面有一种不稳定的状态，也让画面增添了一种不寻常的、不稳定的特点。综合来说，细节的变化可以让人有一种比较回味无穷的感觉。观察黏土的质地，就会发现这种材质有一种天生的厚重感。例如，在《小鸡快跑》一片中，小鸡们一直想逃出牢笼重获自由，直到大公鸡洛奇的出现，小鸡们以为飞行是逃跑的最有力手段，最后小鸡们开着自己设计和制造的飞机成功逃离了牢笼（图 1-23），而“飞”成为影片的主线。虽然从视觉效果上飞行成为该片的难度之一，但是也只有黏土的这种厚重感才能使小鸡们每一次重重地落地的电影片段，成为该片最让人流连忘返的情节。从某种意义上不但突出了小鸡们练习飞行的荒唐和幽默，也使这种效果成为该片的经典所在。黏土材质可以将动画的夸张感发挥到极致，它不仅可以随意被拉伸，而且还有着令人吃惊的可塑性。正因如此，反而在角色塑造上比其他动画形式更具备了独特的风格，通过黏土材质惊人的可塑性，将角色的所有细微变化发挥得淋漓尽致。

图 1-23

（2）立体真实的视觉效果。黏土动画在进行拍摄的过程当中，它的每一个产品都是需要进行人工制造的，所以和其他动画形式相比，它有着更真实的视觉体验。无论是光、透视还是焦点的使用，在黏土动画当中都对角色进行了很好的体现。观众能真正感受到人物与环境的对应关系，使电影故事更加真实可信。黏土动画是一个创造“生活”的游戏。各种物体在真实空间中移动，纹理表面不时反射出意想不到的光。电影中的每一个道具、服装和场景都展现了一个完美的微型世界。设计师可以充分利用自己的想象力,尽可能地夸张变形,从而创造出各式各样有趣的黏土形象。黏土动画的独特写实性和空间性,使其具有其他动画形式无可比拟的魅力。黏土动画具有很强的立体感。由于黏土材料具有良好的可塑性,使黏土动画人物的造型设计有很大的自由度。因此,黏土造型设计比计算机三维动画更加真实。

数字技术的使用,能够让角色在进行创作的时候有着逼真的质感,在对动物角色进行处理时,有的时候甚至连皮毛的感觉都做得像一个真正的动物皮毛的质感。艺术家们会将不同材质的角色和布景协调统一,如《超级无敌掌门狗》中,就给人一种非常逼真的现实感受,也再次证明了黏土动画在材质上的丰富表现力(图 1-24)。

(a)

(b)

图 1-24

黏土动画中的任何角色,不可能像计算机动画制作中的角色那样非常逼真,尤其是面部表情的塑造方面,是很难做到非常逼真,因此不能够将面部表情是否逼真作为衡量黏土动画是否优秀的一个标准。黏土动画中角色的表情,大多数情况下是会根据剧情和动画的需要进行匹配的。如怎样通过面部表情表现快乐、天真、焦虑、询问、怀疑、挫折、生气等,在《超级无敌掌门狗》中,英国动画导演尼克·帕克就很好地做到了这一点。影片中的角色大多形象清晰、简洁、富有张力,这样在表现角色表情和神态时很容易进行调整。尼克·帕克以眉眼作为动画角色的情绪工具,只用最小的动作便可以为华莱士和阿高表现出一系列的情感。

黏土动画具有计算机三维动画和二维动画所没有的真实感。黏土动画可以通过特殊的处理,表现出与二维、三维不同的细腻真实的美,用舞台效果的衬托,使泥塑更具特色。他们甚至使用真实的物体进行拍摄。因为这种真实感,观众在欣赏时难免会产生到底是否真实存在的错觉。黏土动画就像是真实电影和动画电影之间的另一种电影艺术。

(3)动人心弦的故事情节。在对黏土动画的角色进行各种动作和神态的安排时,会尽量进行缩减。因为在黏土动画当中,过分强调动作,对制作过程来说是非常困难的,会大大增加制作成本。所以在进行制作的时候,大多数情况下会关注于剧情的发展,而不是对人物角色的具体塑造。从表面上来看,很多优秀的作品,它有着非常高超的拍摄技巧,有着非常好的人物形象的塑造,但是一个好的动画电影的根本是离不开好的故事情节。故事情节是能让电影更加趋向于完美的一种方法,在进行动画的制作过程中,虽然说技术是非常重要的,但是如果光有技术是不够的,如何使用最强的技术来反应最怀念的情节是动画最为重要一点。

黏土动画不像其他动画那样流畅和完美,但也就是因为这种不完美使得黏土动画极具吸引力,和那些使用计算机制造出来的画面非常完美的动画相比,黏土动画在进行创作的时候投入了更加合理和细致的想象,以及不同的创造力,能够让整个动画显得更加生动自然。一个小小的摆设,一颗普通的豆子,或者墙上画的粉笔等,都将由动画师所制作的黏土融入画面中,制作成一部能感动观众的电影。和其他动画相比,黏土动画在进行制作的过程当中,有着更加亲切的感觉,它营造了整个真实的氛围,让整个画面显得更加的美好。虽然在现代生活有着各种各样的高科技产生出来的动画,但是黏土动画依然作为一种真实纯朴的动画形式存在着。黏土动画不仅触动了观众的心,在角色上留下的指纹和材料上呈现的质感,也深深触动了角色背后的非凡活力。

2 不同时期黏土造型的嬗变

2.1 早期造型的表现形式——泥塑造型的艺术探索

泥塑,即用黏土塑制成各种形象的一种民间手工艺,在民间俗称“彩塑”“泥玩”。它以泥土为原料,经手工捏制成形,或素或彩,以人物、动物为主。泥塑取材简洁、造型生动、想象大胆夸张,深受人们的喜爱。

泥塑在中国的古代社会当中,始终扮演着一个比较重要的角色,甚至引领着一段时间的时代风尚。在人类的社会发展过程当中也起着非常重要的作用,对各种形象的表现,对宗教意识或者是人为思想的传达,有着非常重要的地位。泥塑作品的流传对我国时代的发展有着非常重要的传承意义,能够让我们对古老的中国文化进行一定的探索。

在我国,泥塑文化是有着非常长的历史。在西安半坡人类遗址当中,就能够发现大量的陶塑,因为泥塑产品不耐久的特性,所以我们在对这些泥塑进行研究时,从泥塑到陶塑经历了非常漫长的过程。可以说泥塑是所有雕塑艺术的鼻祖。根据恩格斯在《家庭·私有制和国家的起源》一书中,关于陶器起源的说明:“可以证明,在许多地方或者甚至在一切地方,陶器都是用黏土涂在编制或木制的容器上而发生的,目的在于使其能够耐火。因此,不久之后,人们便发现成型的黏土,不要内部的容器,也可以用于这个目的。”就是说,陶塑在最早的产生的过程当中,它其实是通过编织或者是使用木质材料进行制作的,随着生产工艺的发展、时间的推移,他们发现了黏土具有很强的可塑性,这样就可以更好地根据自己的想法进行更富有创造力的制作,在这种背景下就产生了泥塑器皿。

在我国漫长的历史当中,陶器制作大约有将近一万年左右的历史。在原始社会进行陶器制作的时候,大多数情况下是进行手工捏制的。随着时代的发展,慢慢地使用了工具,比如说泥条盘进行陶器的制作。父系社会就出现了轮制法。进入封建社会之后就发明了模制法——一种只要将陶泥放入模具当中,就能够制作出器物的形状的技法。根据人们对出土文物的研究,在六七千年前,就已经开始使用陶窑烧制陶器。也就是说,我们可以大胆地推测出最古老的烧制方法,就是使用堆烧法,即把晒干的陶坯放在露天柴草中烧。

原始社会的陶器有着各种各样的种类,一样的是也有着各种各样的分工,有泥质的灰陶、细沙彩陶、黑陶和几何纹陶;有盛器、饮器、煮器等,形式多样、质量优良。史前文化地下考古就有多处发现:浙江河姆渡文化遗址出土的陶猪、陶羊(图 2-1)时间为六七年前;河南新郑裴李岗文化遗址出土的古陶井及泥猪(图 2-2)、泥羊头时间约为 7000 年前,可以被确认是人类早期手工捏制的艺术品。印纹陶(图 2-3)的图案,有几何、植物、动物以及自然现象的云、水、雷等纹样;古代原始人利用着各种各样独特的技巧,按照堵车神秘的感觉,对图案进行了加工。各种各样的图案,展现出了他们丰富的日常生活,也达到了对审美的需求。

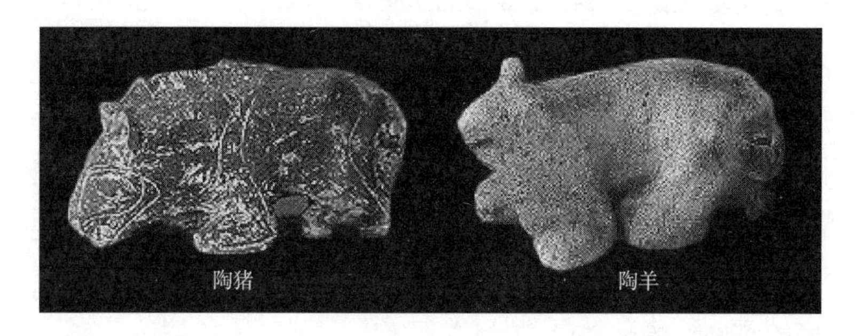

图 2-1

自从新石器时代以后,我国的泥塑技术一直在不断发展,可以说我国的泥塑艺术在很长一段时间之内都领先了世界,到了汉代,已经成为我国一个非常重要的艺术形式。考古工作者从两汉墓葬中发掘了大量的文物，以陶俑、陶兽、陶马车、陶船（图 2-4）等陶器为主。在这些出土的文物当中，有的是用手进行捏造的，有的是用模具进行制作。在我国汉代，人们认为死去的人就和人是一样的，大量的陪葬品的产生，也预示着他们对物质生活的需求。制作出大量陪葬品，在一定程度上对我国泥塑的发展有着深远的意义。

图 2-2

图 2-3

(a)

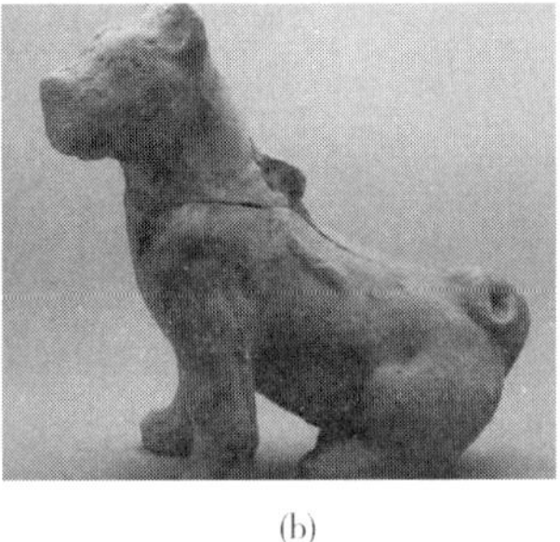

(b)

(c)

图 2-4

1965 年和 1970 年，先后发掘了西汉杨家弯兵马俑（图 2-5）和秦陵兵马俑（图 2-6），一时震惊中外，万众瞩目。秦汉兵马俑在一定程度上来说，体现出了非常高超的制作技术，可以说在当时那个年代能够制造出造型如此生动的作品是很厉害的，体现了我国泥塑技术达到了一个新的高峰。在秦兵马俑当中大概有着将近 6000 件作品，而且这些作品和真人真版基本相同，甚至是兵器盔甲都

(a) (b) (c)

图 2-5

(a) (b) (c)

图 2-6

是一模一样的。而西汉出土的兵马俑则不太相同,每个兵马俑,他的形体大约只有 50cm 左右,但姿态非常灵活,比例也是比较适度的。在西汉兵马俑的特点主要是他并不强调对真人真物的完美复刻,而是强调神韵的存在。秦汉时期的陪葬品,在整个历史的发展过程当中是非常浓重的。而众多的陪葬品当中,陶塑有着非常重要的地位。总体来说,在先秦两汉时期的泥塑产业的高速发展,可以说是我国两千年历史的积淀。为了适应盛行的厚葬之风,陶俑艺术水平也相应提高。从东汉墓穴中出土的舞俑、击鼓说书俑、吹箫俑和伎乐俑(图 2-7)来看,古代匠师们已由自然主义的形态而趋向神韵的追求,从只求形似而转向形神兼备的刻画。匠师们在进行制作的过程中,对每一个人物的特殊的、具有最美形态的那个动作进行了捕捉,再运用夸张的手法,突出展现人物的神情,通过特别夸张的手法,表现出人物的精神生活。在技巧的使用上人们的工艺也是非常高超的。因此，庞大而复杂的秦汉兵马俑的出现，就不再是偶然的了。秦汉兵马俑它的历史价值在于，它不仅仅揭示了我国泥塑事业发展的一个进程，而且它体现出了当时社会的风俗风貌，在一定程度上对历史的研究有着非常重要的作用。

(a)　　(b)　　(c)

图 2-7

两汉后，道家思想不断盛行，开始不断发展，各种各样的祭祀活动，以及各种各样的道观、寺庙不断出现。在一些大型的祭祀活动中，有着大量的泥塑产品，而他们对泥塑产品的要求也在不断提高，在一定程度上也推动了我国泥塑产业的发展。

得到广泛的传播后泥塑迎来了发展的高潮。各种各样的矿物质，以及丰富多彩的种类，无疑也推动着彩塑的出现。它有着更加靓丽的外表，能够根据不同的颜色，赋予不同的意义。而色彩斑斓的泥塑，也能够吸引更多人的关注。

十六国时，前秦建元二年，由于石质松散，高僧乐尊在敦煌三危山凿窟的塑像多为泥塑，历经北魏至元代，现存石窟四百八十洞，塑像两千四百余尊，其中大部分都是泥塑。这些泥塑，因为塑造技术非常高超，展现出来的形象也非常的美丽和庞大，因此在我国的文化当中是有着非常重要的历史地位的，被誉为东方灿烂文化的瑰宝。

北魏后期,寺院林立,互相争辉,堪称艺术百宫,如此庞大的圣地,使得越来越多的佛泥塑能够有着更多的发展空间。在这一时期,因为中西文化的交流,越来越多的西域特色,流入到中原地区。在文化交流的过程中,泥塑的形象也发生了质的变化。我国传统的艺术形式在被打破,在一定程度上受到了西域文化的影响,佛泥塑的色彩也变得越来越浓重。这时的寺院造像,一般都沿袭西域款式:衣纹规整,面容慈祥和悦,充分透露犍陀罗的艺术风格(图 2-8)❶。两肩宽厚,袈裟右袒,内着僧抵支,下身着裙,面形丰圆,薄唇高鼻,头发显示波纹的肉髻,中国传统的泥塑文化在这个时期迎来了一个飞速发展的契机,借助外来的文化,我国的泥塑艺术发展到了一个新的阶段。

图 2-8

北魏时期,封建统治者为了弱化人们的防范意识,让人们能够遵守它的规章制度,引导人们进行各种对极乐世界的向往,让人们越来越多地减少对现实生活的关注,于是越来越多的寺庙被建立起来,但寺庙的数量越来越多,耕地的数量却越来越少,严重影响了人们的社会生活。一时兴盛鼎隆的寺院、数以万计的泥塑遭到严厉打击,毁坏殆尽。至文成帝拓拔浚时期,泥塑已不复当年的兴盛局面了。这时,大兴石雕,各地的石窟应运而生,对石雕艺术来说,需要花费更多的时间进行雕刻,在数量上就没有那么多。在这个时期,寺庙还是在坚持使用泥塑,并且在原有的基础上增加了更多的色彩,让它能够有着更多的吸引力,绽放出新的生命。至今保留最早的罗汉泥塑在山西五台山佛光寺(图 2-9)。

到了唐代,泥塑艺术达到了顶峰。被誉为雕塑圣手的杨惠之(图 2-10)就是唐代杰出的代表。他与吴道子同师于张僧繇,吴道子学成,杨惠之不甘落后,

❶ 张尚志. 中国古代泥塑艺术浅析[J]. 美苑,1988(5):101-104.

毅然焚毁笔砚，奋发专攻塑，终成名家。唐代的泥塑呈现出两种景象，初唐出土的陶俑，与南朝的画家陆探微画风相似（图 2-11）。而盛唐的陶俑在风格上会显得更加的华丽，这和当时的社会繁荣，国力强盛有着很大的关系（图 2-12）。

图 2-9

图 2-10

到了宋代，泥塑完全走向民族化。宋代泥塑艺术在人间不仅是宗教产品，而且有着更多的玩具。越来越多的人在进行着泥人的制作，而大多数泥人的制作，是用于市场的销售。北宋时，有一个名扬中外的泥玩具“磨喝乐”（图 2-13），这种泥玩具只在农历七月初七前后出售，平民百姓不仅可以买回去“乞巧”，达官贵人也会在七夕期间买回去供奉玩耍。宋代的综合国力和盛唐相比是相差甚远的，但是宋代是我国历史上一个比较重要的时间节点，它是我国商业资本发展的萌芽时期。城市在经济发展的过程当中，手工业的发展非常迅速，与此同时，海上交通运输也在不断发展。因为商业的发展，所以人们不再过多地关注于极乐世界，而是更多地将注意力关注于现在的物质生活。在思想领域，各种思想的融合使得人们越来越多地摆脱了固有的思想观念，开

图 2-11

始向更多的艺术追求方面进行发展。在宋代泥塑艺术百花园中,还有一组佼佼者,那就是晋祠宋塑(图 2-14),被后人公认为泥塑中的稀世珍宝。郭沫若参观晋祠宋塑后写道:“近人多夸称米开朗琪罗、罗丹,可谓数典忘祖。”[1]晋祠宋塑的高超技艺,令人叹为观止。

图 2-12

图 2-13

自宋代以后,我国的泥塑艺术在发展的过程当中,迎来了一个低谷下滑期。在汉代,我国的泥塑艺术已经成为一个非常重要的艺术形式,在当时有着各种各样的人物形象,展现出活灵活现的社会生活,可以说艺术品也是生活的一种展现。而到了明末清初,由于思想方面的压制及经济社会的动荡,虽然泥塑依然有着很高的产量,但是在创新发展方面已经出现了停滞。因为商品经济的发展,在这个时期用于玩乐的小型泥塑迎来了发展的高峰期。元朝以后,一直到

(a) (b)

图 2-14

[1] 张尚志. 中国古代泥塑艺术浅析[J]. 美苑,1988(5):101-104.

民国时期,泥塑一直在社会上进行着广泛的流传。泥塑艺术分为几个流派,其中最著名的是天津泥人张、无锡惠山泥塑、陕西凤翔泥塑、河南淮阳泥塑。这些泥人都有自己独特的风格。

黄河在我国的文化历史上有着重要的地位,可以说黄河塑造了我国五千年的文化。在历史的不断发展过程当中,围绕着黄河产生了独特的地域文化。地域文化也在泥塑艺术中得到体现。在原始文化当中,中国民间的泥塑,主要是用来祈祷孩子们延年益寿、招财进宝、驱邪避灾。人的思想是比较淳朴的,所以他们在进行创作过程当中,在颜色的使用方面是非常大胆的,而造型稚拙而古朴。

天津"泥人张"彩塑民间艺术,在清代乾隆、嘉庆年间享有盛誉。张万全先生是泥人张第一人,已经传世 180 年。泥人张艺术代代相传,彩塑艺术不断发展。张明山,第二代继承人,他最厉害的地方在于他可以在袖子里面进行雕刻。第三代张玉亭同样也继承了父亲的事业,善于从动态中表达人物。他的作品更多地反映出劳苦人民的生活,以及那些剥削他人的地主阶级的黑暗。张明山、张玉亭分别获得巴拿马赛马金牌和巴拿马国际博览会荣誉奖,他们还获得了 20 多枚奖牌和证书。第四代张敬谷作品主要就是反映了革命时期的一些现状,他的创作题材更多的是少数民族地区,反映出少数民族生活的原址原貌,让人们认识到在中国的一些偏远地区、隐蔽地区的人的生活。第五代张明、张乃英和彩塑专业人士的一些优秀作品在现在的艺术领域也是有着非常高的口碑。在国家博物馆,会定期对他们作品进行展示。有一些优秀的作品,甚至在国外进行展示。泥人张的优秀作品在国际上有着非常高的口碑。比如 1983 年,日本陆武市恩巴"中国现代艺术博物馆"设立了"天津泥人张彩塑"专题展览室,展出作品 58 件。泥人张在 2006 年被列为中国第一批非物质文化遗产(图 2-15)。

泥塑其实在一开始并没有增添色彩,到了 19 世纪中叶,由天津艺术家张明山在原有的泥塑上增添了色彩,创作了彩绘泥塑。他用色彩装饰传统的泥塑,使泥塑更加逼真。民间制作的彩色泥塑艺术作品,使用了一些对比强烈、色彩浓烈的原色。例如,明亮的红色、黄色、绿色、紫色等,这些颜色对大多数人来

(a)

(b)

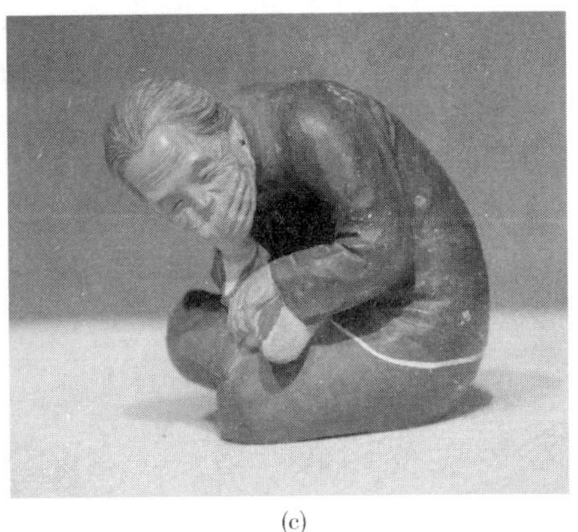
(c)

图 2-15

说,是非常温暖的,对每一个想要向往着美好生活的人来说,都有着很强的吸引力。泥人张彩塑是一种具有鲜明的现实主义创作的风格,在对人物形象的塑造,已经非常注意把握每一个细节。与此同时,也能够反映出对现实生活的一些需求和诉求。在对色彩的使用上,以明亮为主,也遵循着一种色彩搭配的饱和和自然。在进行每一个泥人的创作过程当中,融入了生活的韵味,也融入中国传统的艺术特色。

惠山泥塑出产于江苏无锡的惠山脚下,是一种植根于民间、取材于民间的传统民间工艺。在经历了 400 多年的发展历史之后,人们对它的研究是非常深厚的,对技巧的表达也是在更多的探索当中。但是不得不说的是惠山泥塑已经成为世界上非常出名又为群众所喜闻乐见的一种艺术产品。明清时期,无锡开始广泛流行昆曲,他们会经常到无锡惠山等地方进行演出,这无疑为泥塑创作者提供了充足的观摩机会和创作素材。“手捏戏文”(图 2-16)也伴随着戏曲艺术的繁荣发展逐渐形成,它是一种非常细腻的泥人品种,通过模仿戏曲人物的造型、神态及动作来进行捏制。用手进行泥人的捏造和使用模具进行泥人的创作是有着很大的不同,无论是泥人的艺术表现,还是对细节的把握和以往相比,用手捏造有着更多的艺术价值。惠山手捏泥人发展至今,创作的主题已经不再仅仅只是戏剧方面,也有了更多的其他形象的创作。

(a)

(b)

图 2-16

惠山泥塑蓬勃发展的时间是在清朝,在进行各种各样的传统节日和活动时,惠山泥塑占据了主导地位,它成为一种代表吉祥的艺术作品。惠山泥塑,在民间有很高的知名度,它们表达着人们的美好愿望,人们也对它们喜爱有加。彩塑的创作者都是来自于民间的劳动人民,他们能够站在自身生活的方方面面进行创作,而他们的作品也能够吸引到那些最普通的人,表达出了劳动人民的心声以及美好愿望。惠山泥塑题材多样,造型丰富,形式多种多样,神仙种类繁多。通过各种形式的神仙,人民的生活充满幸福,惠山泥塑表达了财富、命运、为子祈祷的各种美好含义。惠山早期的泥塑主要有神佛、人物和各种动物。这些材料直接来自民间传说和历史故事。传说著名的泥塑“大阿福”是以“沙孩儿”投降野兽的故事为基础的。为了向人们展现出这个小英雄的形象,人们将他的形象运用到自己的艺术创作当中。到了后期,对泥塑的创作形象,很多的也是来自于戏曲。在进行艺术创作的过程当中,她将戏曲的动态艺术浓缩成了一种静态的因素,将各种神态神貌展现得淋漓尽致。虽然只是一个简单的泥塑,但是它却能够将整个歌剧的精神文化展现得非常的透彻,让人们一眼就能够认识它,也能够展现出戏曲的精气神。这些作品是由无锡惠山独有的黏土制作而成,色彩丰富,彩塑语言简单,形成了自己独特的艺术风格和形式。惠山泥塑注重刻画人物的心理、气质、精神和个性。惠山泥塑强调“丰满”和“简单”的造型。“丰满”指人物的体态是非常丰满的。例如,“大阿福”(图 2-17),圆润

图 2-17

的身躯，笔直的线条，整个人物的塑造，无不显示出一种丰满的感觉。人物的塑造在惠山泥塑中尤为突出，不同于泥人张、凤翔泥塑的泥塑。所谓“简单”，是指在对形象地概括的过程当中，并没有过多的拖泥带水，并不过多地关注于细节的把握，而是体现出一种整体的感觉，这种整体的艺术创作，让作品能够体现出独特的美感，以及对整个环境的包容性。惠山泥塑强调色彩搭配的“爆炸性”，这是对泥塑色彩巧妙运用的总结，毫不夸张地说惠山泥塑色彩运用是非常强烈而又非常鲜明的。因为造型是非常简单的，所以在对色彩的使用上，需要用一些夸张的颜色来吸引人的眼球。比较常用的颜色就是大红，金色，绿色等能够抓住人眼球的颜色。和别的艺术作品相比，尤其是泥人张的作品相比的话，泥人张的作品可以说是比较朴素淡雅的，而惠山泥塑的作品，就是非常的艳丽。

随着当代社会的快速发展，人们对审美和心理的需求不断更新。他们在惠山泥塑作品中增添了新的时代氛围、文化氛围和审美观念，丰富和拓展了祝福的内容和主题，增强了泥塑作品的时代感，增加了“抱鱼阿福”，体现了年年有余的含义。还有“千禧娃”“阿福庆回归”“奥运福娃”都与时代事件密切相关。凤翔位于陕西关中中西部，夏季称永州。它是春秋战国先秦的发祥地，是汉唐古“丝绸之路”的重要通道。学术界对凤翔泥塑的具体时代没有统一的定论。然而，据凤翔县记载，在春秋战国、汉唐等地出土的虎、牛、鸽、猪、狗、羊、独角兽、骆驼等各种动物和人物陶俑。凤翔县纸坊镇柳营村是泥塑的发源地。相传明初明军围绕凤翔实施“兵屯”。军队第六营的大部分士兵来自江西。他们有制作陶器和各种形式捏泥人的技能。后来，士兵们转向当地居民，他们中的大多数人在参军前没有离开凤翔，也没有做陶器。捏制陶器仅作为谋生的手艺，用于市场营销。凤翔泥塑是凤翔人在长期的生产劳动中形成的历史文化积淀。它是一种民俗物品,在日常生活中具有祛邪、镇宅、纳福等功能。人们想用泥塑来塑造一个神圣的形象,驱除恶灵,消除灾难,保护和平。凤翔泥塑是对造型意蕴的直接对话,装饰意图的形象表达,色彩的真实诠释,孕育了深厚的民族文化传统和人文内涵(图 2-18)。

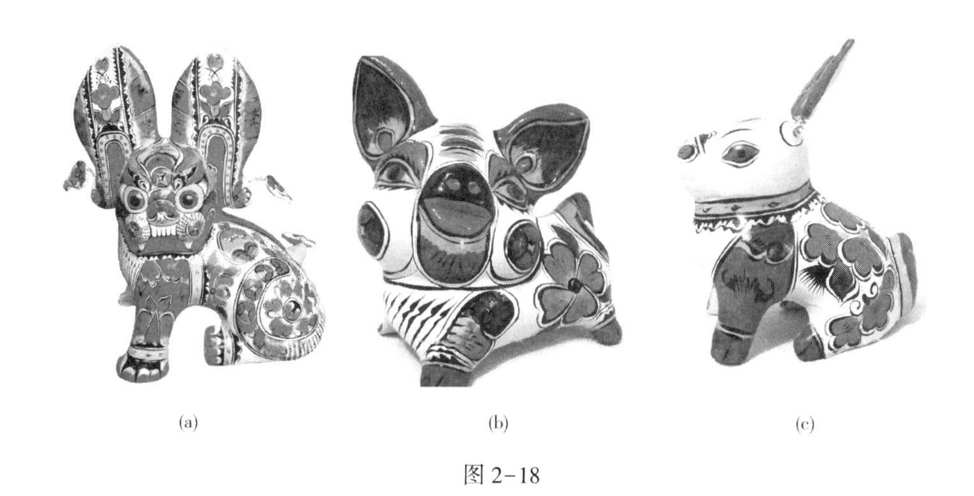

(a) (b) (c)

图 2-18

凤翔泥塑可分为挂件、泥塑玩具和立人。泥塑的形象有很多种,可以说包含了千变万化的事物,但是最主要的关注点还是在于十二生肖动物的形象塑造。泥塑的制作在一定程度上也是制作者表达对美好生活的需求。泥塑的制造过程中,作者会用自己的想象力以及创造力进行各种各样的设计。很多情况下,泥塑产品都以它夸张的造型来吸引人们的眼球。在挂件泥塑中,艺术家强调物品的面部表情。他们遵循“动物的眉毛皱,眼睛大,人们看到,快乐和害怕”的设计创作原理。在泥塑玩具和立人泥塑中,泥塑的形状准确地突出了马、狗、兔子、猪或猛犸象、钟奎和其他泥塑的体形特征,即使它们没有着色,泥胚状态很容易识别。

淮阳是“三皇五帝”伏羲的建都之地,“泥泥狗”(图 2-19)是淮阳泥塑中的代表,“泥泥狗”产地主要分布于太昊陵附近的金庄、许楼等村落。这些地方每

图 2-19

年农历二月初二到三月初三都会有着大型的祭祖活动,而在祭祖活动上以及各种庙会当中,就会有各种民间艺人进行自己的泥塑产品的展示。大多数的泥塑形象都是根据民间传说进行捏造的。而为了吸引更多的人,所以大多数的泥塑产品的形象都非常夸张。在民间,很多人认为这些泥人能够起到辟邪庇佑的作用,所以在祭祀活动或者庙会上能够得到很多人的喜爱。庙会上"泥泥狗"是最受大众欢迎的民间泥塑艺术品,"泥泥狗"又称"陵狗",是祭祀伏羲的"神物",当地人认为它是为伏羲、女娲看守陵庙的"神狗",它是原始祖先崇拜、图腾崇拜观念的物化遗存。人们怀着祈盼与祝福来到这里祭祀,祈求生育繁衍,盼望着人丁兴旺。"泥泥狗"是意象形态下的物化实体,是人类生殖崇拜的表现物,是图腾文化在现代社会的表现形式,也是中原祭祀文化的"活化石"。[1]

与凤翔泥塑相比,淮阳泥塑的造型更为奇特。受图腾概念体系的影响,"泥泥狗"一般是一根柱子形状,就像印度图腾柱形状一样,与神圣的祭祀联系在一起,给人以深刻的庄重和神秘感。由于古代生殖崇拜对泥塑形象的形成有着深刻的影响,艺术家在为泥泥狗绘制图案元素后,不难发现,日常生活中常见的动物图像变得抽象而神秘:淮阳泥泥狗主要由动物和人物、动物和动物组成,如"人面狗""双头狗""九头兽",淮阳泥泥狗的形象也与伏羲女娲的神话传说密切相关。当将黏土模型上的图案和颜色褪色时,简单而厚实的泥塑往往使人们无法直接、清晰地辨认泥泥狗的形象。它们所绘制的各种形状和原始图腾散发的魅力,都体现了人、动物、自然的和谐与美,以及相互依存的生存关系。

---

[1] 李霖波.凤翔与淮阳泥塑艺术风格比较研究[J].山西大同大学学报,2014(3):8-10.

除此以外,民间面塑的发展历史悠久,同样不能忽视。这也是中国传统民间各种祭祀活动中作为贡品的,同时也作为节日赠予亲属和朋友的特殊礼物。

“民以食为天”是中国农耕社会最根本的生存观念。面食文化是中国黄河流域小麦产区饮食文化的重要组成部分,可谓是源远流长,中国长期以来的面食文化衍生和发展成面塑艺术。

魏晋南北朝时期,得益于生产力的大力发展,人们生活水平的提高,面粉发酵技术的广泛推广和应用,面食的种类也更加丰富。在北魏贾思勰所写的《齐民要术》中,有十多种制作面包的方法。虽然此时面食主要是拿来食用,但制造技术已经相当熟练。据《晋书 · 何曾传》记载:“蒸饼上不拆作十字,食。”这种“坼作十字,不食”的蒸饼,即类似于后来的“花馍”❶(图 2-20)。在当时,面食不仅限于食用。人们对美的追求,对造型和色彩等视觉美学因素的要求也得到了提高,这使得日常面食有了发展为面塑艺术的可能。自唐宋时期以来,这一时期的面食已被广泛用于民间活动,如祭祀,庆典,礼品等。为了满足美的需求,面食向着美的方向发展。在民间仪式活动中,出现了用面塑动物取代真牛和真羊的习俗。在宋代,面塑广泛用于春节、中秋节、端午节和结婚、祝寿等。“面花”“礼馍”“花糕”“花供”“面老虎”“大月饼”“面人”等称呼陆续出现在不同地方不同的民间活动当中。

图 2-20

在明清时期,出现了许多流行的面塑,这些面塑广泛用于祭祀、庆祝、馈赠。在清代,民间面塑的记录更多,相关的民间活动促进了面塑艺术的发展。专业生产礼节的面塑商家也逐渐出现,面塑艺术更加精致复杂,具有浓厚的审美和

❶ 南长全. 从“面花”到“面人”——论我国民间面塑艺术从乡村到城市的传承演变[J]. 美与时代,2012(1):88-90.

文化内涵。根据记录,当时春节有一个用于供奉的面塑,外形如龙,象征着“平安吉祥”。用于生产面塑的印花模具在明清时期开始流行,促进了面塑艺术的进一步传播。人们用米面揉面团,然后用不同形状的模具制作用于新年的“如意年糕”“天官赐福”,以及用于婚礼上的“龙凤喜饼”“鸳鸯饼”等面塑(图2-21)。直到今天,许多农村地区仍然流传有许多这类面塑的制作方法。可以说,面塑是一种人们寄托情感的艺术形式。它结合了群体性和民间性,表达了人们对生活的美好愿望。

图2-21

回顾我国古代泥塑的发展,泥塑在原始社会中就已经有了,从泥塑,陶器到儿童玩具,从未停止。泥塑的发展往往与时代背景和人文因素密切相关。一方面,这支持了泥塑的发展;另一方面,它比任何其他艺术更容易受当前形势的影响,伴随着国家的兴衰而发展。根据中国的历史时期进行划分:远古时期,人们对陶器有着丰富的想象力,天真而简单的艺术形象反映了那个时代的和平和悠然;商周时期,各种器物真实地反映了那个时代的残酷;在秦汉时期,创造了当时宏伟而写实的兵马俑;在南北朝时期,凭着人们对佛教的热爱创造了麦积山;唐初的泥塑挺拔俊俏,唐代的信心博大,宋代的细腻精美,明清的精巧细致——泥塑蕴含的民族气质和时代背景总是保持一致的。

泥塑作为一门艺术,充分表达了人们对美好生活的向往,也反映了人们在不同时代的审美差异。在最早的时候,泥塑似乎是一种精神寄托和生命寄托。早期时候,泥塑的形状表现出对自然、灵魂、祖先、图腾和生殖的崇拜。由于低下的生产力,早期人类产生了一种原始的信仰,即所有物体都有上帝和未来的存在,人们通过土壤表达他们的原始观念。例如,各种用于祭祀的人偶、俑和各种母神像等。在原始人类的意识中,自然界中的动物也具有上帝的属性。他们认为将鸟纹,鱼纹,蛇纹等在陶器上绘制,或者这些动物图案当作是他们自己部落图腾标记就可以获得该动物的神圣力量。人们将幼稚却真实的感受,原始但虔诚的信仰,简单又天真的品位,通过精心制作的工具,在具备实用属性的情况下,尝试用美丽的图案去装饰生活。如母神像、兽形壶、牛河梁女神像等。可以看出,长期使用土壤后,古人对土壤的性质和烘烤温度有了更深入的了解。将掌握的知识与土壤的完美结合,不断赋予黏土新的生命。

原始而深刻的思想代代相传,随着时代的发展,新元素不断增加。然而,随着时间的推移,泥塑改变了它最初的性质,不再是人类为了生存的需要而形成的审美意识和寄托美好愿望的产物。它不再一直服务于官僚,而是开始面向普通大众。在满足人们的基本物质需求的同时,也满足了人们的精神生活。泥塑艺术在中国已有数千年历史,在现代艺术中占有重要地位。在黏土艺术家不断创新之后,泥塑已经从一个简单的玩具演变为现在的彩绘泥塑。泥塑简约及其独特的形状出现在人们的生活中,并以各种形式吸引人们。丰富的民俗风情和原始粗犷的风格让人们亲近大自然,体验大都市喧嚣中朴素的生活。

经过近一万年的继承和发展,泥塑仍然受到群众的喜爱。除了泥塑外表令人愉悦之外,最重要的是心理社会因素。在封建社会中,官僚和地主的剥削,加上自然灾害和战争的影响,人民的生存受到长期的威胁。根据有关历史资料,从先秦时期到清代中期,中国人口少,到康熙时期,增长率才明显增加。"国泰民安、风调雨顺、子孙繁衍"是当时人民主要愿望。由于生产力水平低,农耕很难解决人们的温饱问题。人们开始对现实的现状表示强烈的不满,于是,许多文人便出现了。他们利用自己的文学知识通过艺术的手段表达出来,来宣泄自己的情感。在著作《变态心理学派别 · 变态心理学》当中有提到:"凡是文艺都是一种'弥补',实际生活上有缺陷,于是在想象中求弥补"❶。

泥塑的意义不仅是个人的愿望和理想,也是整个社会的。泥塑的意义在于

❶ 朱光潜. 变态心理学派别:变态心理学[M]. 北京:中华书局,2012.

填补整个社会心理欲望。它在一定程度上弥补了物质的匮乏而带来的不满情绪,也满足了社会的心理需求。泥塑的艺术形象多半是情感的表达,心理的慰藉是其背后的根本原因。泥塑风格简洁、淳朴、逼真、形式多样、风格夸张,其文化内涵丰富,体现了世俗的社会状态。悦目的颜色和各式的形状表达了人类对社会的欲望和理想的诉求,通过令人愉悦的外表,根据其意义的描述,然后探索社会心理,这是泥塑经久不衰的内在原因——心理慰藉,这才是泥塑深层次的解读。

如今,泥塑艺术不仅深受中国人的欢迎,而且遍布世界各地。它不仅作为一件艺术品在世界上传播,还代表了中国人民坚韧勤奋的民族性格,向外国朋友展示了中华人民的聪明才智。

2.2 黏土动画的萌芽

与动物不同的是,人有各种各样的需求,其中包括物质需求和精神需求。物质需求指的是衣、食、住、行的需求,精神需求指的是对社会精神生活的需求,即对文化、艺术和美的追求。在人类各种需求中,自我实现的需求是最高层次的,即追求自我价值实现,自我创造力、潜能、天赋和其他心理需求。动画意识的形成和动画现象的产生也是人们用符号和图片记录他们的劳动和生活情感之后,进而激发他们的想象力和记录自我实现过程的强烈要求。受外部环境的启发,在古老的环境条件的限制下,创造了一个具有动画思维的“原始意象动画”,动画艺术的产生是人类文明发展的必然产物。通过历史上人类的各种图像记录,早在两三千年前的旧石器时代,西班牙北部山区阿尔塔米拉洞穴中的大量石器时代留下的壁画痕迹,已经显示出人在潜意识中表现出物体运动和时间过程的欲望。可以看出,动画现象不仅是现代才有,在人类文明早期就已经存在。在绘有许多动物的壁画中一头生动的野猪非常引人注目,四条腿的位置分布让野猪呈现出奔跑的即视感(图 2-22)。这种现象并非偶然,我们经常能够发现,在古代岩石和壁画的浮雕和绘画中,奔马分为八条腿,飞燕可以画六个翅膀,或者跳舞的人可以有四条腿和四只手臂等,古人试图通过人或动物活动的各个连续阶段反映静止图像中的运动状态。这种画面结合不同时期的动作,反映了对人类“运动”概念的理解和对表演的探索,这是动画的初始现象和形式。人类在生产和生活中,除了用绘画生动地记录生活场景,还具备表达运动的想法,并试图通过屏幕显示运动状态,表达运动速度和生活的关系。它是人们运用智慧和发明来实现事物运动和想象力思维的结果。人们在满足精神需求和创造美之后,所激发创造性动机的心理过程,也是人体生理和社会需求的反映❶。

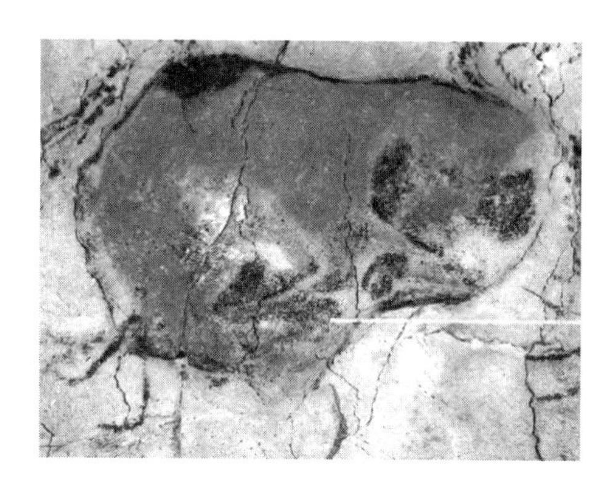

图 2-22

中国是一个拥有五千年灿烂文化的文明古国。发明和创造了许多表达人和动物活动的绘画。例如从新石器时代的马家窑绘制的陶器舞蹈图案壶(图 2-23)中,我们可以看到祖先精美的艺术设计:在盆上画出三套手绘舞蹈人物并在他们的手臂勾勒重复的线条。重复的线条似乎表明了舞者的连续动作。当水倒入盆中时,盆上的舞蹈字符将映衬在水中。当水在摇晃时,舞蹈人物将会婆娑起舞。

图 2-23

1824 年,彼得罗热出版了一本关于眼睛结构和物体运动之间关系的书,《移

❶ 张仁智. 我国动画技术发展过程的问题研究[C]. 沈阳:沈阳工业大学硕士论文,2011.

动物体的视觉暂留现象》中指出,在初次曝光后,图像刺激可以在视网膜上停留一段时间,当多次刺激以相当快的速度连续出现,视网膜上的信号重叠,图像将变得连续。基于这一原理,黏土动画等许多动画艺术应运而生。

1839 年,新的摄影技术被引入电影制作,这在电影诞生史上迈出了决定性的一步。1888 年,第一台使用摄影胶片的相机出现了。1895 年,法国卢米埃尔兄弟成功造出活动电影机,他们利用胶片间隙通过片门的方式抓遮片装置,并以每秒 16 帧的速度进行拍摄和放映。银屏再现了真人和物体的活动,电影就此诞生了。虽然画是早于电影制作的,但真正的动画是在电影摄影机出现之后开发出来的。因此,动画影片出现在电影之后。

1873 年,爱德华 · 麦布里奇用几台摄像机拍摄了世界上第一套马奔跑的连续运动(图 2-24),并继续研究动作捕捉。1877 年,他在回转式画筒放置了一套马奔跑的连续照片,并将其放在“幻透镜”上放映,这套动作拍摄的连续照片在屏幕上“活”了起来。后来,他试图修改埃米尔 · 雷诺的“真镜”,并发明了“变焦实用镜”。他还将研究重点放在两组照片上,即《运动中的动物》和《运动中的人物》。他和他的助手为捕获和分解生物学的研究以及人体工程学和动画运动定律的探索提供了基础,并且今天仍被使用,为动画甚至电影艺术的发展,开辟了新领域,使屏幕艺术迈出了一大步。

图 2-24

1877 年 8 月 30 日,法国人埃米尔·雷诺发明了一种可以在屏幕上放映的光学胶片机,让很多人可以观看动态画面,它具有现代漫画的基本特征,这天被法国电影史学界认为是现代动画片的诞生之日。人们普遍认为法国人埃米尔·雷诺是现代动画的先驱。他于 1888 年创作了一部光学影戏机,自 1892 年以来一直在巴黎绘制动画近十年。然而,事实上,动画电影诞生于 1907 年,由在英国出生的美国人斯图尔特·勃莱克顿发明。斯图亚特·勃莱克顿发明了"逐格拍摄法",并使用这种方法拍摄了世界上第一部动画电影。在法国卢米埃尔兄弟拍摄十年后,斯图亚特·勃拉克顿利用这种摄影方法创作了美国的第一部动画片《一张滑稽面孔的幽默姿态》(图 2-25)。虽然这部电影只有 5 分钟,但他用定格拍摄的原则逐一拍摄黑板上画出的图像,然后连续放映,成为动画片的鼻祖。这个时候的动画不叫作卡通或动画,黏土定格动画也没有发展起来。"逐格拍摄法"是最基本的动画片制作方法,也就是说,动画片用逐格拍摄法将捕获对象的一系列被分解为多个动作形式逐一拍摄下来,然后使用连续放映的方法(电影每帧 24 帧秒,电视每秒 25 帧)在屏幕上生成会动的影像。

图 2-25

1906 年,法国人埃米尔使用逐格拍摄法拍摄的第一部动画片《幻影集》(图 2-26),是电影史上第一部动画片,无声黑白,以表现视觉效果、开发动画的假象性为主导,不注重故事情节。本片无情节无主题,不到两分钟的影像里,埃米尔用再简单不过的线条为观众做了多次变形:人变为酒瓶、酒瓶变为花朵、大象变为房子等,今天看来,埃米尔的想象力丰富得让人叫奇。

逐帧动画拍摄方法的发明和应用,为黏土动画的产生提供了技术保障。摄影机使用此方法一格一格地把场景拍摄下来。例如《闹鬼的旅馆》,斯图亚特·勃莱克顿使用"逐格拍摄法",将一把小刀逐格拍成是自动切割香肠,看上去好

(a)

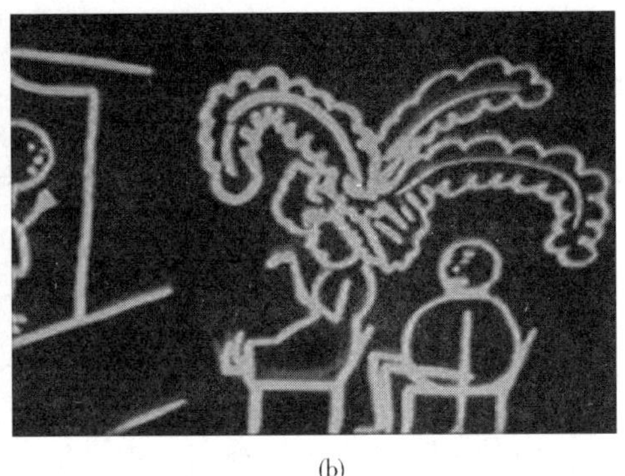

(b)

图 2-26

像是一只看不见的手在操控，任何物体都可以自由运动而无须借助任何外力。再例如，在《奇妙的自来水笔》中，笔会自动书写。“逐格拍摄法”迅速在市场上扩散，一些早期电影也因此成名。

尽管当时的欧洲人还没有完全理解这种拍摄技术，但很快法国人埃米尔·科尔发现了“逐格拍摄法”之谜。1908 年，他们创造了人民熟知的第一部由木偶角色拍摄的木偶电影《小浮士德》（图 2-27），这些木偶能够自由移动关节。这件作品也被视为定格动画的早期杰作。1857 年 1 月 4 日，埃米尔·科尔在巴黎一个普通家庭出生。三年后，他拜入安德烈·基尔门下学习绘画。在一次偶然的机会，他有幸在高蒙电影公司里担任编剧和导演。1907 年，他凭借《南瓜竞走》正式成为一名专门拍摄特效电影的导演，该片就是利用逐格拍摄法拍摄完成的。从此，他爱上了这门技术，也一直延续到他的动画创作中。1908 年，他制作了一部形状不断变化的动画——堪称史上第一部动画电影——《幻灯片》，讲述的是一头大象变成舞者，然后变成其他角色的短

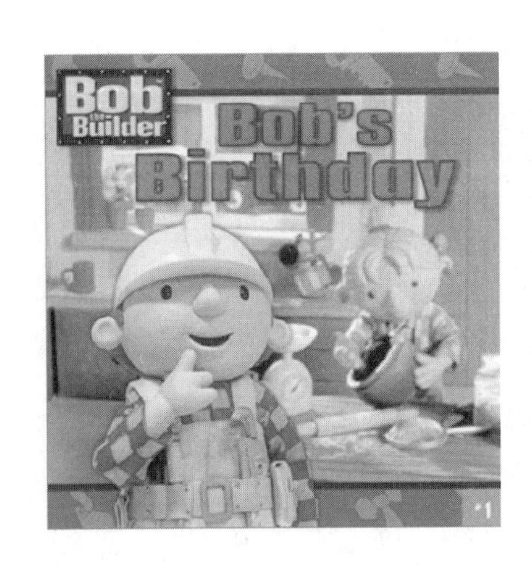

图 2-27

片。在他杰出电影《傀儡戏》中,运用线条画出的人物再搭配逐格拍摄法显得特别精力充沛,在他的大部分作品中逐格拍摄法都扮演了非常重要的角色。埃米尔·科尔制作的电影生动有趣,成为当时法国喜剧创造力和自由的代表。

在接下来的五年里,是埃米尔·科尔创作动画电影的鼎盛时期,他先后制作了动画片《木偶的噩梦》(图 2-28),《活动的火柴》《变形》《冒烟的灯》《隔壁的房客》《活跃的微生物》《新印象派画家》《重换脑子的人》《纸片历险记》等。埃米尔·科尔的拍摄动画材料和技巧方面在法国是独一无二的,他的作品数量惊人,他一生完成了 200 多部作品。

图 2-28

欧洲黏土定格动画的形成与传统的木偶戏有着千丝万缕的关系,在整个黏土定格动画发展的历史中,木偶一直扮演着重要的角色。黏土动画艺术家喜欢用木偶来作为他们电影的主角是有原因的,可以归纳为两点:第一,木偶较容易掌握,也很容易塑造人物形象。它们的形状由布料和木材等材料制成,因此,木偶对年轻观众有很强的亲和力;第二,故事情节和剧本永远是电影成功的一大因素,生动的故事构成了黏土定格动画的整个结构,故事的取材多半是欧洲文学史上的传统故事。而且会经常取材各种儿童文学寓言,这些故事中的主角都是非常有趣、可爱的,但是故事情节往往会

图 2-29

有一些神秘和隐喻,多半是爱情、战争、冒险和其他话题。1917 年,《战争与莫米的梦》这一电影深受大家的喜爱,它是意大利制作的黏土作品(图 2-29)。影片讲的是一位祖父给他的小孙子讲述一些关于战争的故事,讲的过程中睡着了,在睡梦中梦见战争的场景,却当梦见在战争中被士兵的刺刀刺穿后突然醒来。影片中的人物都是由玩偶扮演的,这个故事反映了当时的战争问题。早期定格动画的主题大多是寓言和童话故事,他们惯用的就是将儿童梦想和动画图像结合在一起,也成为是早期黏土定格动画的一大亮点。

在早期定格动画中,黏土定格动画的早期研究更多是在技术层面。即使动画师们都努力地掌握这种动画技术,并在改进偶形道具和拍摄技术研究方面取得了进展。但是,由于定格动画的低产量和大量的制作时间和成本,导致这一门艺术无法融入像 2D 手绘动画工厂式大规模生产,因此在资金和规模方面受到很大限制。对黏土定格动画的研究进展也非常缓慢。直到 1912 年俄国的斯达列维奇拍摄的《青蛙的皇帝梦》《家鼠与田鼠》《黄莺》和《蝴蝶女王》等大量木偶片的出现,才大大完善了木偶片的技术[1]。

在此期间,许多帝国主义国家入侵中国。在这种传统工艺品遭到破坏的时代,劳动人民仍然喜欢民间泥塑,当地的色彩和民族风格依旧深深扎根于人民之中。来自世界各地的泥塑深刻而真实地反映了群众的生活、思想、情感和愿望。他们已经成为一种更细致的精神寄托,并显示出强大的动力。外国黏土造型在造型和装饰方面往往简单,注重实用功能,克服以前只重视审美和片面的装饰效果,并开始与人们的日常生活联系在一起。

2.3 黏土动画的初步繁荣

在独特的定格动画拍摄方法中,每个静态图像被连接成动态图像,并且观

[1] 彭磊、卢悦、李纲. 怪兽来了——定格动画摄影棚[M]. 北京:中国青年出版社,2004.

看者通过连续播放看到幻象。定格动画依赖并追求的就是这种幻觉,它利用这种幻觉来传达内容并营造氛围。因此,很多时候,定格动画在材料的使用中都是取材于现实生活。一方面,通过材料的综合利用,它创造了"真实"的作用。另一方面,它根据材料本身的纹理来展现"真实"的场景,使电影达到一种现实主义的美感,通过逼真的形象,让观众相信假的也是真实的。

当我们观看定格动画电影时,我们不会提醒自己电影中的图像是幻想创造的。相反,我们用直觉在固定思维下观看电影,以获得审美愉悦。直觉是审美感受的重要特征,它侧重于事物的感性形式的存在。卡西尔指出:"在艺术中,我们专注于现象的直接表现,并充分地欣赏它们所有的丰富性和多样性。"❶"审美直觉是直接和全面的。当主体直观地看待对象时,它没有必要经历演绎解释的逻辑过程,但同时对感知观察对象的外观,立即快速地实现一些内在的意义和情感。"黏土动画电影素材的场景已经达到了与人们生活经验的高度一致性,而且电影具有高度的真实感。

1915 年,黏土定格动画的创始人威尔斯·奥布莱恩制作了他的第一部黏土动画短片《失落的环节》。从那以后,他创作了许多令人震惊的漫画。其中,最著名的电影《金刚》,成为电影史上的经典怪兽电影。当时,建模成为影片的一大难题,但奥布莱恩创造性地建造了 18 英寸的模型内放骨架支撑,然后再加上兔毛,完成了魁梧而经典的大金刚。为了追求现实,威尔斯·奥布莱恩一丝不苟。金刚和恐龙的主要镜头由微缩模型完成。制作金刚时除了两位"猎人"导演的知识外,还邀请研究猩猩的动物专家协助制作。金刚的模型由附着在橡胶上的金属骨架结构制成。身体的皮肤是由兔子皮肤制成的,它的保真度甚至在胶片中达到肉眼难以识别的程度。为了更好地展示恐龙在电影中的形态,制作团队前往美国地理博物馆参考了一套实际的雷龙骷髅设计,并邀请恐龙专家作为顾问。岛上的植物种类也严格按照现实世界的热带丛林来布置。在这部真人和模型人物的影片中,金刚与巨蛇、翼龙在茂密的山谷中搏斗,金刚抓住了帝

❶ 苍懋楠. 黏土定格动画的视觉语言研究[D]. 西安:西安理工大学. 硕士论文,2009.

图 2-30

国大厦顶部的一架小型飞机的场景已然成为 20 世纪电影史上最经典的镜头之一(图 2-30),观众面对这些史前巨兽也叹为观止。

1956 年,阿特·克洛基创作的黏土动画《冈比的月球之旅》(图2-31)中“冈比”形象的伴随了美国几代人的成长。1953 年,阿特·克洛基在南加州大学就学,当时他创造了漫画人物“冈比”,一开始只作了 3 分钟的短片,而 1956 年因以“冈比”为原型的黏土动画《冈比的月球之旅》的播映并大获成功后,“冈比”也就此成为经典形象。第二年,克洛基应邀接到了美国 NBC 电台资助,从此之后开始制作和播映冈比的系列动画,在 60 年代受到当时人们的广泛关注。80 年代,因美国影星艾迪·墨菲(Eddie Murphy)的综艺节目《周六夜现场》(*Saturday Night Live*)中冈比被戏仿再度受到观众热捧。1995 年,克洛基指导和制作的冈比系列电影在美国上映。除冈比之外,克洛基的其他黏土动画系列剧如《戴维和歌利亚》也受到了关注。自 1957 年起冈比系列的动画开始在美国国家广播公司播放。

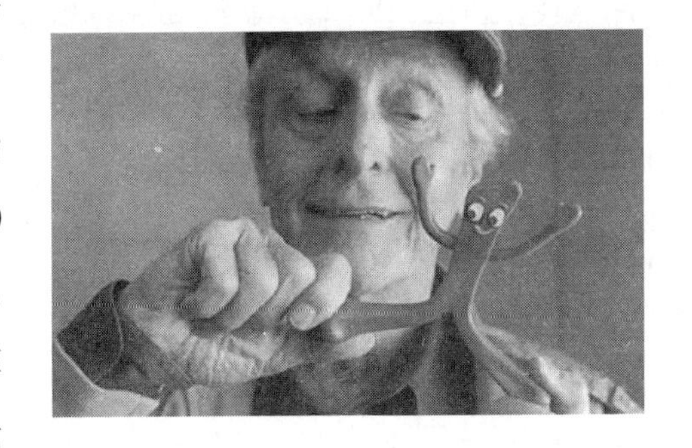

图 2-31

1975 年,《星期一闭馆》(图 2-32)大放异彩,该片获得 1975 年奥斯卡最佳动画短片奖。在 2006 年法国安锡国际动画电影节上,该电影在“动画的世纪·100 部作品”中位列第 74 名。该片是由黏土动画之父威尔·文顿导演并制作的,他也因此声名大噪。剧情讲述一位喝得醉醺醺的老人在深夜摇摇摆摆走进一家美术馆,面对满地满墙的艺术作品,他时不时地叹了口气。当他观察或无意中触摸一件作品时,奇特的景象出现了:艺术家创作的作品以及当时的场景竟然呈现在他面前,一件件美丽的艺术作品的诞生使他开心、惊讶、失落。在享受完之后,他站稳了脚,变成了雕塑,成了这些作品中的一员。

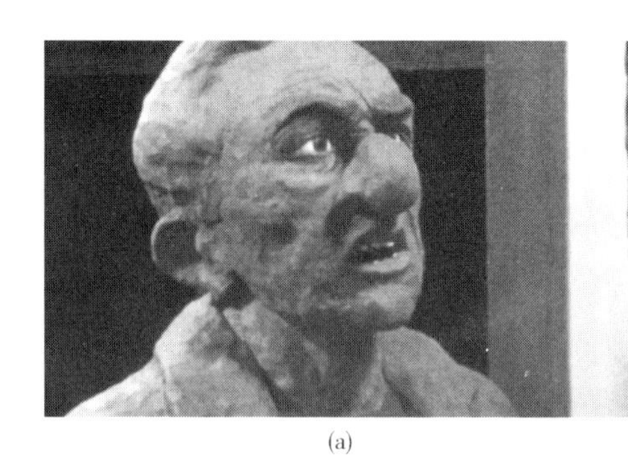
(a)

(b)

图 2-32

威尔·文顿,曾是美国黏土动画界第一把手,拿过一座奥斯卡奖,六座艾美奖。他的黏土动画公司先后完成过两部黏土动画电视剧。著名的莱卡 Laika 工作室的前身,曾是威尔·文顿工作室,该工作室建于 20 世纪 80 年代和 90 年代。

威尔·文顿和他的雕塑家室友鲍勃用一台 16 毫米的摄像机(图 2-33),渐渐一起做起了一些以黏土为材料的动画,他们两个共同完成了一部以黏土为材料的动画,这部动画在伯克利电影节上给他们带来了第一个奖项。在 1973 年其后的一年半时间里,威尔·文顿和鲍勃在文顿家里的地下室里,开始研究黏土动画的各种可能性。就这样《星期一闭馆》问世了, 这是文顿和鲍勃完成的世界上第一支拿奥斯卡最佳短片动画奖的黏土定格动画。

图 2-33

这部片子虽然现在看起来很粗糙,但在当时是人们不可想象的,在此之前只有小绿人冈比这类简单的黏土动画出现在人们视野里。《星期一闭馆》中人物形象的塑造、摄像机的移动、镜头的推拉都是之前未曾在黏土定格动画片中见到过的。《星期一闭馆》为后来黏土动画的发展指明了方向。影片很快获得了奥斯卡最佳动画短片奖,这不仅仅是定格动画第一次获得这个奖项,也是波特兰历史上的第一个奥斯卡奖。

从1974年开始,威尔·文顿的黏土动画变得十分炙手可热,成为很多著名品牌制作广告的首选。威尔·文顿最有名的广告作品可能要算是M&M豆和加州葡萄干协会的广告了。威尔·文顿会为M&M豆巧克力制作有眼睛和嘴巴巨大的大豆和红豆。到目前为止,这两个经典图像已出现在M&M豆广告和商品包装上。而在加州葡萄干协会的广告里,一群葡萄干唱起了歌就火遍了大美帝国,这些黏土葡萄干形象直到现在还成为其官方的标志,并出了许多纪念品和系列产品甚至还有电视台黄金时间段的音乐短片(图2-34)。

图2-34

1976年,他创立了威尔·文顿制作公司,开始探索黏土动画与立体动画创作结合的可能性,以及研究黏土动画创作的一些表现方法。1977~1979年间,威尔·文顿根据俄罗斯文学巨匠托尔斯泰的文学作品改编创作了《补鞋匠马丁》(*Martin the Cobbler*),根据美国文学家华盛顿·欧文的作品改编创作了《李伯大梦》(*Rip Van Winkle*),根据法国文学家安东尼奥·戴·圣修伯里的名著改编创作《小王子》(*The Little Prince*),这三部动画短片后来集结成三部曲。70年代文顿和他的团队制作的这三部27分钟的童话动画片,在著名动画师Barry Bruce的指导下,威尔·文顿的动画人物看起来不再是粗糙和笨拙了,而是非常丰满和圆滑。当威尔·文顿的团队在1978年制作黏土动画的幕后花絮系列时,文顿正式将这种动画形式命名为"Claymation(黏土动画)”并注册了商标,他创造了“黏土动画(Claymation)”一词,成为他的专利,他也因此被称为“黏土动画之父”。

在1983年,威尔·文顿的黏土动画脱口秀短片《千面秀》(图2-35)提名奥斯卡最佳动画短片奖。《千面秀》中,主持人围绕“二战”大秀演技。罗斯福、丘吉尔、麦克阿瑟、巴顿等著名历史人物,是他模仿又开涮的对象,他不时地变换腔调与语气,配上那张不断变化的脸,逼真又逗乐。“二战”中各民族的形象,在他的主观想象中也颇为有趣——德国人胆小如鼠、日本人瘦小枯干。而对一些经典的战争场面,他也没忘模仿,将观众逗得捧腹大笑。

(a)

(b)

图2-35

1985年,威尔·文顿在世界动画史上完成了第一部全黏土动画长片《马克·吐温历险记》(*The Adventures of Mark Twain*)(图2-36),完成制作整整花了两年的时间。这部黏土动画长片也是黏土动画史上的杰作。这项工作共使用了24吨黏土,并使用了130000个角色参考姿势。它传达了黏土的惊人表现力:复杂口型的精确匹配,大量角色的大场景,物体的奇妙变形以及文学视觉和创意。它基于马克·吐温和哈雷彗星的故事讲述这次奇妙的冒险,其中许多都是直接来自马克·吐温的文学经典作品。这部电影长达86分钟,马克·吐温乘坐他自己的神奇宇宙飞船想要赶上哈雷彗星。这部电影揭示了马克·吐温作品中幽默、讽刺、夸张的元素,使其超越了一般的黏土动画。此外,它还传达

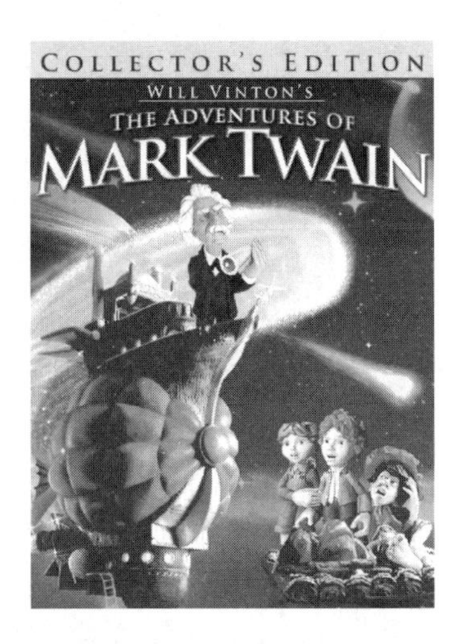

图 2-36

了马克・吐温，也许是导演自己对宗教和生活的理解。

当然，即使你没有读过马克・吐温的书，你也会爱上这部精彩的动画片，独特的黏土质地、翻滚的瀑布、流动的云朵、燃烧的火焰、水中的倒影……这部影片是当时最刺激的影片，也受到青少年的好评："这部电影真的令人兴奋。"由此我们可以看出，导演努力突破黏土材料的限制，人物的表达，口吻的精确度，充分展示了威尔・文顿的野心和强大的对材料技巧的掌控能力。《马克・吐温历险记》中有大量的台词，作品中每个角色的嘴型与台词正确匹配。此时，威尔・文顿使用"参考演员"对角色进行改变：使用相机拍摄演员的动态表现，参考现有图像，并使用黏土来模拟动作。威尔・文顿还亲自带领助手拍摄纪录片《黏土动画》，其中没有放过任何细节地解释了整个黏土动画的制作过程。黏土动画逐渐成为一种风格。威尔・文顿非常清楚动画可以非常忠实地表现出马克・吐温的想法，很多对话都不是凭空捏造的，除了动画中马克・吐温和他的另一个人格，他的几乎所有人物都来自马克・吐温的作品。

尽管威尔・文顿不是第一个使用黏土制作动画的人，但他在黏土动画领域的技术和创造力使黏土动画成为艺术领域的一部分，并且是黏土动画领域当之无愧的王者。威尔・文顿以他对黏土出神入化的创造力和技术，收揽了无数殊荣与嘉奖。

此外，科幻导演乔治・派尔的电视剧《木偶卡通》也是对黏土动画有着不可或缺的贡献。它进行逐格拍摄，逐格地替换木偶的表情、动作，赋予它无限的生命力。可以说此时黏土定格动画在美国达到了前所未有的高峰。

所有这些都表明，在 19 世纪末和 20 世纪初，黏土定格动画是电影技术开创的基础，并受到艺术家和观众的青睐。

20世纪初，当中国进入半殖民地半封建社会时，西方的新思想和新技术涌入中国，对中国文化观念产生了巨大的影响。动画，这种新的艺术形式已经进入了中国人的视野。中国动画片创始人万氏三兄弟凭借强烈的民族使命感和责任感，揭开了中国动画史上的第一页，并创作了一些与当时时代气息密切相关的漫画，如《大闹画室》（图2-37）。在20世纪30年代，随着抗日战争的发展，动荡局面造成了中国动画停滞不前。1947年，抗战结束后，中国动画电影业在陈波儿的带领下，利用中国木偶、歌剧等传统艺术元素制作了第一部中国木偶电影《皇帝梦》（图2-38）。该片采用傀儡戏的夸张手法，揭露国民党政府的黑暗和腐败。在20世纪50年代，随着第一个动画电影制片厂的成立，中国动画的前辈们不断学习和探索，受到当时社会环境的影响，并开始在整体动画制作中与苏联保持一致。在20世纪50~90年代，上海美术电影制片厂和上海电影制片厂制作了136部木偶电影。苏联制作的所有最新木偶电影必须在艺术电影制片厂放映，因此早期的木偶电影受到东欧国家的影响。甚至动画部门的学生也从电影制片厂制作的《皇帝和夜莺》《仲夏夜之梦》（图2-39）学习。最早从事木偶动画制作和研究的动画导演之一靳夕，也在20世纪50年代前往捷克共和国向木偶大师特伦卡学习。

图2-37

图2-38

图 2-39

1953 年,《小小英雄》(图 2-40)成为中国艺术电影集团制作的中国第一部彩色木偶电影。这部电影以童话小说《红樱桃》为基础,它描述了小阿芒依靠集体的力量,与狼搏斗,使山中的小动物能够恢复平和幸福的生活的故事。1951 年 8 月,上海电影制片厂决定以苏藉华人李景文为指导、苏理为总联系人,成立了由万超尘、万国强、查瑞根、吴蔚云、朱今明等组成的彩色电影测试组,试验彩色艺术电影。1951 年 12 月 3 日,万国强成功开发了彩色开发人员“代可敏”。12 月 4 日,文化部电影局对测试结果给予了充分肯定。所以上海电影制片厂决定在 1952 年 1 月底正式拍摄彩色木偶电影《小小英雄》,拍摄了 16 个月才成功。文化部电影局向上海电影制片厂颁发了旗帜,并向测试人员颁发了荣誉证书和徽章。凭借这一成功经验,一部部木偶电影如火如荼地拍摄着。在 1953 年《小小英雄》的基础上,木偶电影《神笔马良》(图 2-41)于 1955 年问世。这部电影非常接近泥塑的风格,具有强烈的传奇色彩。创作者用浪漫主义塑造了善良正直的马良的艺术形象。那时,孩子们都梦想着拥

图 2-40

有一支马良的神笔,并画出他们想要的东西。这部电影是第一部获得国际动画奖的中国木偶电影。1956 年 8 月,该片在意大利第 8 届威尼斯国际儿童电影节上获得 8~12 岁儿童娱乐电影一等奖;1956 年在叙利亚和南斯拉夫,次年在波兰和加拿大连续四次获奖;1957 年获文化部 1949~1955 年优秀美术片一等奖。

图 2-41

1957 年,在“百花齐放,百家争鸣”的文艺政策指导下,在国际电影节上中国许多优秀的定格动画频频获奖。1963 年《孔雀公主》(图 2-42)是中国第一部长达 80 分钟的木偶长片动画。这部电影以傣族长篇叙事诗《召树屯》为基础改编。它讲述了王子召唤树屯,爱上了美丽的孔雀公主的故事,期间被叛徒背叛,被迫远征,公主无奈离开。在王子获胜后,他经历了数千英里,最后与公主重逢的故事。这部电影有曲折,有很多人物,有孔雀独舞和跳舞,以及许多战争场面。不仅动作复杂,姿势不同,人物的表情也生动,体现了中国极好的木偶技艺,这是木偶电影中最具代表性的作品。

图 2-42

《半夜鸡叫》(图2-43)于1964年12月完成。影片描述了地主长期剥削欺压长工最后自讨苦吃的故事。情节生动有趣,人物造型栩栩如生。1965年5月17日,这部电影在法国戛纳电影节上放映。它受到了热烈的欢迎和赞赏。法新社写道:"中国人把中国丰富的民间艺术之一的木偶放在屏幕上。戛纳电影节的观众非常感谢和欢迎。"

图2-43

这一时期,产生了大量中国民族风格宣扬中国传统文化的黏土定格动画。许多电影在艺术和技术质量方面达到了前所未有的水平,许多新品种诞生了[1]。中国黏土定格动画开始走向第一次繁荣。

新中国的建立为中国的泥塑艺术提供了难得的机遇。东西方艺术融合的痕迹逐渐显现,表现形式日益多样化。出现了许多生动有意义的作品。例如,1965年的当代大型泥塑《收租院》(图2-44)由四川美术学院雕塑系师生和四川民间艺人完成。这个创作是在新中国成立之前地主收租为题材,共创建了7组图像,114个真人大小的角色和108个道具,手卷叙事手法生动地展示了过去地主剥削农民的主要手段和收取租金的整个过程。创作者将西方雕塑技法与中国民间传统泥塑技术相结合,成功地表达了运动感,使人物生动,使

图2-44

[1] 张宇.中国民间美术与动画[M].北京:人民美术出版社,2007.

作品丰富,创造了令人惊叹的艺术效果,对社会影响深远。在此期间,国内外艺术家在很大程度上将他们独特的表演才华和新颖的创意表达出来。

2.4 黏土动画的低谷时期

2.4.1 第一次低谷时期

黏土定格动画技术创造了图像革命的奇迹,各种材料和物体已经成为具有强烈生命感的血肉之躯的"演员"。黏土定格动画素材不仅通过自身的纹理为电影创造了一个逼真而有意义的场景和角色,而且动画艺术家充分利用了材料本身的精神内涵,赋予了灵魂一些熟悉的东西,充满了古怪的精神美。正如埃尔文潘诺夫斯基所说,所谓的静态存在,这个概念已被彻底摧毁。无论是房屋,钢琴,树木还是闹钟,电影中都有生机。他们具备人类活动的能力,他们也有人类的面部表情和发音。有时,即使在真实的电影中,一旦移动物体是动态的,它就可以在电影中扮演重要角色。

在 20 世纪,三大理论对这一时期的文化和艺术产生了巨大的影响,并出现了几个主要的绘画领域。科学技术的飞速发展给人们的生活方式带来了巨大的变化,人们的娱乐需求也发生了变化。在西方造型艺术发展的过程中,单纯的模仿和再现已经不能再满足人们,他们对自然界中所有客观事物的概念开始增加,自我感觉和思想情感的表达得到了升华。

在 20 世纪初期,黏土定格动画由于当时美国几个成功的商业卡通人物开始席卷全球,它们只能在小型制作和先锋派的实验性电影中徘徊,动画市场逐渐被手绘所占据。20~30 年代,黏土动画变得沉闷,卡通动画蓬勃发展,即便如此,痴迷于黏土定格动画的艺术家仍然存在,例如捷克的木偶定格动画。自 1945 年以来,捷克艺术家在官方支持下开始了他们的艺术生涯。在捷克,木偶戏是一种有悠久历史的传统娱乐形式。木偶戏开始于布拉格和哥特瓦尔德,并组建了两个卡通派系。其中“毛线绒兄弟”卡通工厂的核心人物是画家和雕塑家吉里·透恩卡,尤其是吉里·透恩卡,他曾亲自拍摄专门的木偶动画片,他也因此成为世界著名的黏土定格动画大师。他们制作了一些独特的代表那个时代产物的木偶作品,如《弹簧玩具》和《礼物》。那时,最著名的是《蓝胡子》(图2-45),它是在1937年拍摄的。它使用了一些可以移动的石膏图像,结合了雕像和木偶的艺术特征,并通过活动照明的效果创造了一部神奇的电影,开辟了定格木偶动画的新方向。

图2-45

捷克木偶艺术家当中,最负盛名的当属木偶大师伊利·唐卡,他是一名画家、插画家、雕刻家、动画导演,是捷克动画界受人推崇的开创者和领导者,对捷克乃至世界的木偶动画创作产生了重大影响,有人把他称作“欧洲的Walt Disney”——东欧的迪士尼教父,有评论认为,是他滋养了整个世界的木偶艺术。

1946年,他与布拉格电影制片厂共同创办了一个动画工作室“Trick Brothers Studio”(Jiri Trnka工作室的前身),并与几位早期的捷克动画大师合作,成为该工作室的负责人。近十年来,几乎所有捷克木偶动画作品都来自他的工作室,使他在动画世界中迅速成名。他的第一部动画长片《捷克年》(图2-46)于1948年在威尼斯电影节上获得大奖,并于1948年完成了《皇帝的夜莺》(图2-47),其他的影片还有《大提琴的故事》(1949年)、《巴亚雅王子》(1950年)(图2-48)、《马戏团》(1951年)、《马戏团》(1951年)、《仲夏夜之梦》(1959年)(图2-49)等。唐卡制作的人偶可爱细致,场景和服饰精美美观。而且他注意到木偶动画与木偶剧之间的区别,不再让电影中的木偶有眼睛和动人的嘴巴来烘托气氛,而是用镜头和光线来改变气氛。他让无生命的木偶成为一个可爱平和的人物，并且表演了一个美妙动人的故事。晚年的唐卡健康状况不佳，但他依然继续认真地创作出几部动画短片，如 1961 年的《热情》、1962 年的《电动阿嬷》、1964 年的《大天使与鹅小姐》和 1965 年的《手》。

图 2-46

图 2-47

图 2-48

图 2-49

伊利·唐卡拍摄的木偶动画片《手》(图 2-50)中,只有两个“演员”:一个小木偶,一个人的大手。电影中的小木偶代表艺术家。他看起来很老套,看起来像乡下艺术家。他专注于制作陶罐。这时,一只手闯入并迫使艺术家根据自己制作一尊英雄雕像。艺术家断然拒绝,所以大手销毁了店铺。当艺术家修理商店时,大手再次出现,重复最后的请求。艺术家被迫答应大手的要求,他不得不接受,但进展缓慢。后来,一位女士的手前来拜访这位艺术家。这一次又一次的拜访使艺术家明白自己被囚禁的事实,最终伤心致死。这个时候,象征权力的大手又一次出现,在这位艺术家的小棺材上挂满了荣誉勋章,称赞他“为国操劳而死”。伊利·唐卡并不局限木偶的肢体语言,而是巧妙地使用主观镜头来表达手与木偶之间复杂的服从和顺从,从而强调一些人是被一只无形的手驱使着,做自己不一定喜欢做的事情。

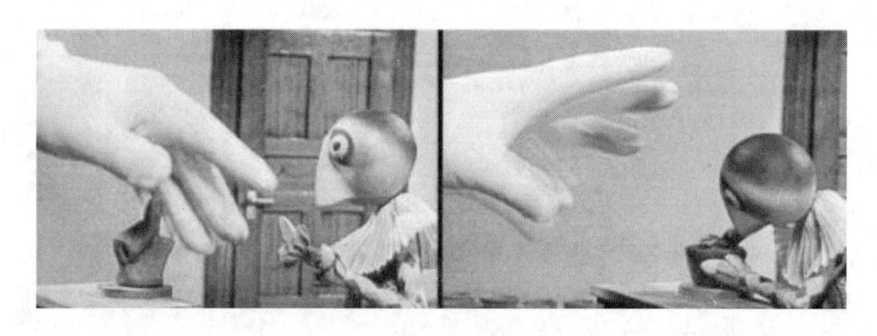

图 2-50

定格动画艺术短片《媒体》的导演帕维尔库斯基,用一种显示当今媒体负面影响的荒谬方式。在图片中，他使用了报纸的碎片，把它变成了箭头，把它变成了一只狗，然后迅速追赶那个正在跑步的小男人，然后逃跑，暗示新闻有时会强加于人，人们希望可以避免它。更有趣的是，导演生动地将现实世界中烹饪过程的形象转变为新闻的制作过程：将一块新鲜的牛肉放入锅中，煮出来的是一大张纸。他们被手工收集在一起，用剪刀剪下不规则的边缘，拿起手杖的手很快就坍塌成了报纸。虽然这部短片既没有对话也没有叙述，但是生动逼真的视觉形象，给观众带来了更多的惊喜和思考。

即使有许多出色的捷克定格动画，但是它们仍然会在卡通动画的光环下生存。捷克艺术家致力于使用各种突破性的技巧来丰富细节，这反而会显得过于烦琐。例如伊利·唐卡的两部巴洛克风格的故事片《皇帝的夜莺》和《巴亚雅王子》，它们都取材于安徒生童话故事和中世纪传说，因为过于注重细节的细腻感反而使情节显得非常拖拉。东欧的许多木偶电影都有类似的问题，但在慢节奏动画的早期发展中，技术投入和试验带来了好处，使后代更加熟练地将创意融入作品的创造性中。他们致力于使用捷克传统木偶剧，他们根据安徒生的童话故事或其他著名作品创作了许多经典动画作品，但这些非常民间的动画似乎还没有得到世界的充分认可，仅仅有少数人欣赏这种艺术形式。这种情况直到黏土定格动画电影《金刚》的出现，这时，黏土定格动画才真正在大屏幕上闪耀。

20 世纪历史上最经典的电影镜头，莫过于金刚与野兽在密集的山谷间战斗的场景。在美国自由经济市场的影响下，黏土定格动画逐渐转向电影特效模式。1907~1950 年整整 43 年间，奥布莱恩拍摄了无数的怪兽电影，如《失落的世界》《巨猩乔扬》《金刚之子》等奠定了他定格动画怪物的风格。奥布莱恩的影响是巨大的，他的接班人——美国大师雷·哈雷豪森——延续了奥布莱恩的风格，创造了一系列令人惊叹的奇幻角色，这使他成为一个在动画史上无人能及的传奇。如《地球两千万英里之外的访客》和《恐龙谷》等，再如 1985 年的《辛巴达的第七次航行》和 1963 年的《伊阿和亚尔古英雄们》、1981 年的《泰坦之战》，雷·哈雷豪森制作的每一部外星的黏土定格动画都成为经典的特效，展示了他惊人的创作能力。

可以说,计算机技术没有出现之前,黏土定格动画主导了电影特技,许多的科幻电影想要拍摄出一些经典的画面,借助的大都是定格拍摄的手法,黏土定格动画是创造人们无法发挥的虚幻幻想和人物形象的唯一手段。

2.4.2 第二次低谷时期

随着技术的进步,计算机的出现已经证实"逐格拍摄法"不再是制作动画的唯一手段,它的出现为动画产业带来了蓬勃的发展。计算机技术不仅减少了传统卡通手绘动画的劳动时间,更重要的是,它为动画的发展注入了新的血液。在视听效果方面,三维动画可以给人以极好的视觉效果。这些似乎将动画完全带入另一个世界,并将观众的视听语言带到另一个世界。由于三维动画技术日趋完善,非常接近现实生活的人物,于是计算机技术逐渐取代了特殊电影中定格技术的位置。计算机技术在动画行业中变得越来越重要。

1993 年,斯皮尔伯格导演利用计算机特技制作了一部由真正的恐龙创作的电影——侏罗纪公园(图 2-51)。它的出现无疑是宣布计算机技术逐渐取代电影中定格技术的地位,并公开宣布定格动画正式让位于计算机二维动画。可以说,由于计算机技术的出现,此时黏土定格动画的黄金时代已经结束。

图 2-51

计算机 3D 动画为那些没有享受过视觉盛宴的观众带来了全新的体验,出现了许多经典的计算机 3D 动画,例如 1995 年的《玩具总动员》、1999 年的《精灵鼠小弟》、2000 年的《海底总动员》、2001 年的《怪物史莱克》等。

就连黏土动画之父威尔·文顿在 CGI 冲击下,也渐渐迷失了方向。威尔·文顿,早在 80 年代,就开始向计算机图像技术(CGI)转移。当 CGI 技术在 1990 年初成熟时,威尔·文顿成立了 CGI 动画部门,并聘请了 20 位计算机动画动画师,创立了计算机动画部门,并且把这种技术运用到他的广告制作中。

随着工作室越来越出名,更多的电影和电视从业者将橄榄枝伸向威尔·文顿,其中包括好莱坞喜剧明星艾迪·墨菲邀请文顿制作一部动画系列——《PJ 公寓》(图 2-52)于 1999 年问世。该系列采用黏土CGI 技术的组合来讲述底特律市中心公共住宅居民生活的故事。该工作室花了三年时间制作 43 集《PJ 公寓》,每集平均制作时间为 3 个月。虽然《PJ 公寓》获得了三项艾美奖和一项安妮奖,但实际上收视率低于预期,该系列在 2001 年第三季度暂时被切断,最后两集直到 2003 年,才再次与观众见面。另一部电视剧《盖瑞和麦克》(图 2-53)更糟糕。在 2001 年第一季度播完就夭折了,UPN 电视没有与工作室续签合同。然而,灾难连连降临。2001 年 911 事件导致美国广告业进入低迷期。威尔·文顿工作室,再次进入了瓶颈。就这样,他失去他一手创办的黏土动画公司。此后的黏土定格动画技术依然在电影特效领域内徘徊,继续为完善电影艺术做出贡献。

图 2-52

图 2-53

虽然 3D 计算机动画在逼真表现方面优于黏土定格动画,但这种动画形式仍然受到一些导演的青睐。风靡全世界的一部黏土动画片——《企鹅家族》(图 2-54),由瑞士欧特马·顾特曼制作。1986 年,德国人设计了一个可爱的小企鹅——Pingu,1990 年,这个可爱的形象被赋予了生命,一个有趣的故事被制作成动画片。《企鹅家族》讲述了一个住在南极的非常顽皮的小企鹅 Pingu,虽然他喜欢恶作剧,但他的心肠很好。每当恶作剧结束时，总会有一个宝贵的教训。1992 年，《企鹅家族》被公司带到了日本市场。之后，小企鹅 Pingu 迅速在世界各地流行，“企鹅语言”也因此流行起来。企鹅家族恰如其分地刻画了家庭和友谊的温馨氛围，搭配生动有趣的画面，以及诙谐丰富的故事情节，牢牢抓住了每个人的心。小企鹅 Pingu 已经成为世界人民喜爱的知名卡通形象。

(a) (b)

(c)

图 2-54

20 世纪 80 年代后期，阿德曼的《超级无敌掌门狗》系列成为黏土动画史上的经典。这一系列的问世，再一次地掀起了制作黏土定格动画的高潮，黏土已成为定格动画最常用的素材。它由尼克 · 帕克(图 2-55)创建，并在全世界广受欢迎。华莱士和阿高也成了家喻户晓的名字。尼克 · 帕克是英国顶级动画公司(阿德曼动画)的标杆，“黏土动画制片人”的名号由此而来。学生时代就创造了风靡全球的动画形象——掌门狗阿高，而且凭借《超级无敌掌门狗》系列拿过三次奥斯卡。

图 2-55

尼克·帕克1958年12月6日生于英国的普雷斯顿(Preston)。家乡的建筑、地景给他留下了深刻的印象,以至于后来在他创作的黏土动画中经常出现。尼克·帕克少年时期就对动画制作产生了浓厚兴趣,安静、沉默、生性害羞的尼克,将手下的黏土作为自己倾诉的对象,这个“沉默的朋友”不会因为他奇特怪异的想法而嘲笑他,而创作之中种种与灵感撞击的快感,也使得他乐于沉溺于这样的快乐中。一次全家旅游的机会,父亲为13岁的尼克买了一架电影摄影机,从此迷上摄影机的他在自家阁楼和花园小屋拍了不少粗糙的动画片。

对相机的喜爱和探索,在后续电影中对平滑的镜头语言表达具有不可忽略的缓冲效果。为了购买一台8毫米相机拍摄标准卡通片,这位13岁的孩子整个夏天都在一个鸡肉包装厂做艰苦的工作。他开玩笑地说:“每日面对装配线上成千上万的鸡尸体可能是激发我拍摄《小鸡快跑》的原因。”1971年,尼克·帕克做了他的第一部短篇动画,这部名为《阿奇的噩梦》的作品在BBC电视台播出并获得了动画大赛的大奖。这一年,他仅仅只有13岁。尼克·帕克的才华显露并一举成名。

尼克·帕克偏爱黏土素材,而制作黏土动画需要有极致的耐心,因为每一格画面的调整都非常烦琐,材质特殊一不小心就会破坏模型,同时损耗很大,一天最多只能拍出两三秒的动画。尼克·帕克从大学时代开始做《月球野餐记》,这部20多分钟的片子,他一个人整整做了6年。这个6分钟长的动画的粗略演示是《超级无敌掌门狗》系列之一《月球野餐记》(图2-56)的原型。

提到尼克·帕克导演就不得不提到英国阿德曼动画工作室,英国阿德曼工作室可谓是尼克·帕克的“伯乐”。1982年,彼得和大卫因6分钟的学生作业在英国国家电影电视学院会见了尼克·帕克。这两人被尼克的创作理念吸引,

图 2-56

于是,他们招募了他。

尼克·帕克在 1989 年制作的一部五分钟的黏土动画短片《衣食住行》(图 2-57)荣获 1991 年第 63 届奥斯卡电影节最佳动画短片奖。这是一部在形式上模仿新闻采访的黏土动画片,让动物园里的动物们在录音采访话筒前叙述自己在动物园生活的感受。无论狮子、黑猩猩还是乌龟都在抱怨,而抱怨的内容却是如同人类在现实日常生活上的琐事,这样的想法让观众来到动物园采访这里的动物并让他们谈论在动物园中生活的感觉。北极熊家庭需要更好的护理设备,以确保动物的生存,以防止可能发生的人类自相残杀。美洲狮错过了巴西美丽的岁月,他厌倦了寒冷和蔬菜。河马弟弟反映笼子太小,环境恶劣。狐猴、陆龟和狒狒似乎对现状感到满意。不同的起点,不同的成长地,动物彼此有不同的看法。这部电影据说由剧组创作,采访英国街头的普通人,他们看起来像移民,并将他们的采访音频移植到动画短片中。

图 2-57

1993 年,尼克·帕克的"超级无敌掌门狗"系列之二——阿德曼工作室的首个 30 分钟的影片——《神奇太空衣》横空出世(图 2-58),讲述了华莱士和邪恶企鹅斗智斗勇的故事,这场闹剧是由一条动态的裤子和一只邪恶的企鹅造成的。华莱士的访客企鹅实际上是个坏人。他试图将不知情的华莱士穿上华莱士新发明的机器裤成为企鹅偷钻石首饰的工具。坏人的阴谋当然不会成功。该作品荣获 1994 年的奥斯卡最佳动画短片奖,影片在制作技术和人物塑造上得到了明显的提高,来源于老式侦探小说及电视剧的精彩剧情,将这一人一狗的搭档塑造成救世大英雄。全球赞誉和超过 30 个奖项使《神奇太空衣》成为历史上最成功的动画短片之一,如此的荣誉使工作室踏上了另一个里程碑,引起了好莱坞动画界的关注。

(a)

(b)

图 2-58

1995 年,《超级无敌掌门狗》系列之三——《剃刀边缘》(图 2-59)为尼克·帕克迎来了第三座小金人。这一次,华莱士和他忠心耿耿的狗狗阿高开办了清洁业务。在一次清理过程中,华莱士爱上了羊毛店的女店主温德林,但他不知道羊毛店是别有用心的在做其他的事情。与此同时,华莱士的家也带来了一位不速之客——大胃王肖恩,这只羊造成了很多混乱,但它也给华莱士和阿高带来了很多乐趣。谁知道美好时光不长,阿高被当成杀羊凶手而被逮捕,为了拯救它,华莱士和肖恩等绵羊组织了一次细致的救援行动。这一影片不仅为阿德曼工作室带来了更多的声誉,也让尼克·帕克因此在 1997 年 11 月 25 日被英女王授予不列颠帝国勋章。《超级无敌掌门狗》系列的故事深得人心、家喻户晓。

1993 年,美国的蒂姆·伯顿推出了令人惊叹的哥特式风格黏土定格动画电影《圣诞夜惊魂》,这是一部将黏土定格动画素材发挥到极致的动画作品。蒂姆·伯顿的《圣诞夜惊魂》令人惊叹地将百老汇音乐的特点与哥特风格的木偶相结合,再次点燃了人们对黏土定格动画的热情。蒂姆·伯顿也因拍摄无人能

(a)

(b)

图 2-59

超越的幻想题材而闻名,被人称为“鬼才导演”。影片讲述南瓜王杰克为万圣镇里的领导者,深受怪物们的爱戴,整个镇上唯一的任务就是为每年一度的万圣节做准备,而这位充满浪漫主义情怀的南瓜王,却一直渴望着不同于万圣镇的生活。当他无意间发现“圣诞节”这另一个世界后,便深深被这种生活所吸引,为了体验圣诞节这种不同于暗黑万圣节的欢乐气氛,杰克绑架了圣诞老人,带领万圣镇为圣诞节准备“万圣”礼物,上演了一出圣诞夜闹剧。好在最后杰克及时醒悟,平息了这场圣诞夜风波,并找到了理解自己的红颜知己莎莉小姐。杰克的本意是善良的,他有着美好的愿望,希望带给人欢乐,当他在经历了失败的尝试后最终找到了自己存在的意义,找到了自我。

图 2-60

1984 年,蒂姆 · 伯顿在 1982 年制作的黏土定格动画片《文森特》(图 2-60)荣获渥太华国际动画电影节观众奖,这部动画短片的完成,基本奠定了蒂姆 · 伯顿此后电影形式上的风格。和此后一系列的作品相比,《文森特》非常黑暗、苦闷。此时的他正处在迪士尼时期,朝九晚五的工作,刻板的涂涂抹抹,好不容易迎来了制作《文森特》的机会。这部短片不仅是一个日后风格的典型,更是对无趣工作的不满及发泄,一肚子的心思恨不得都往里灌。你不难发现,这个角色的原型和他本人很像:乱糟糟的发型,满脑子的古怪想法亟待被欣赏。作为童梦的生产厂家——迪士尼当然不允许这样的短片困扰孩子,迪士尼的高层管理人员认为这部短片既糟糕又黑暗,不适合儿童观看并因此阻止它上映。但这并不妨碍蒂姆·伯顿的才华被正视。也许是这种雪藏让蒂姆·伯顿若有所思,总之《文森特》成为他最逼近死亡的作品。在之后的电影里,哥特式中饱含死亡气息,甚至于死亡引诱的元素与大荧幕无缘。

直到《圣诞夜惊魂》问世,才使蒂姆·伯顿出名。直到今天,没有人能超越《圣诞夜惊魂》百老汇音乐剧和精彩木偶的完美结合。蒂姆·伯顿和尼克·帕克继续推出新的和流行的黏土定格动画,这些有趣的形式深深地吸引着世界各地的大量黏土定格动画爱好者们。对现代黏土动画艺术,他们的贡献无疑是巨大的。除了明显的形式创新之外,他们还将改进的黏土定格动画的创作成为现代电影大工业模式的一员。

《圣诞夜惊魂》(图2-61)达到了登峰造极的境界,整部电影拍摄了两年,它是史上第一个将"硅胶"(发泡橡胶)这种化学材料用在动画角色里的黏土定格动画,搭配独特的"哥特式"电影风格与百老汇音乐剧。蒂姆·伯顿邀请了100多位好莱坞最著名的动画大师加入,并在4000平方米的工作室中安排了20多个场景。一个木偶的制作需要花费大约一周的时间。即使耗时长,但是这部电影带给了蒂姆·伯顿宝贵的经验和强大的制作团队。

图2-61

《超级无敌掌门狗》里的角色由阿德曼工作室应用塑料黏土来模拟,这种材料比普通的塑料黏土或模型黏土更耐用,并保留了一些原始的味道。黏土角色的作用有一种美感,而不单纯是只有材料死板的特征,即使是掌门狗阿高不说话,但往往用简单的眉毛便可以传达不同的情感。梦工厂的三位领导者之一——动画部门负责人谢菲基辛堡,评价这部电影,黏土角色具有一种古怪但不可抗拒的吸引力,这是一种语言魅力。

2006年,阿德曼公司制作的黏土动画《超级无敌掌门狗:人兔的诅咒》获第78届奥斯卡金像奖获最佳动画长片奖,同时提名的还有蒂姆·伯顿导演的《僵尸新娘》。继《圣诞夜惊魂》之后,蒂姆·伯顿再一次创作了《僵尸新娘》,花了十年筹划,三年拍摄,只为制作一部最为古典的黏土定格动画。这次蒂姆·伯顿不仅担任编剧,制作,还亲自参与执导。该片以19世纪的欧洲为时代背景,家里是暴发户渔业大亨的维克特,将要与没落贵族的女儿维多利亚结婚,两人开始都不太情愿,但在见面后却相互倾心。维克特在练习婚礼仪式的时候误将戒指带到了已故少女艾米丽的手上,使其"复活"。艾米丽被维克特的深情所感动,决心跟随他,并带他去了地狱,两人在地狱中经历了由矛盾到互相理解的过程,并最后都希望对方得到真正的幸福。经历了被曾经深爱的男人背叛甚至杀害的艾米丽最后成全了维克特和维多利亚,自己却化作一缕幽魂消散而去。电影中的材料艺术运用创造出独特的个性和场景设计是这两部电影赢得无数赞美的原因。

《僵尸新娘》让人惊叹的地方在于,每一个角色都可以做出人类所有可以出现的表情变化。为了这部旷世之作,蒂姆·伯顿将它们打造成瑞士手表一般精美的木偶,他亲自勾画草图,还邀请了来自世界各地的艺术家,就为了给这些木偶装配上精密的机械装置。说到拍摄,因为这部电影是逐格拍摄的,每24秒一个画面,一秒就是24次拍摄,每次人们都要调整木偶的姿势和表情,整部电影时长76分钟,每一秒都不敢懈怠,这样复杂的工作一做就是13年。哥特式风格作为蒂姆·伯顿电影的标签,《僵尸新娘》当然也少不了。僵尸、吸血鬼、城堡、墓地都是伯顿最喜欢的元素。蒂姆·伯顿将他孤独和悲观的性格渗透了他的每一个工作中。《僵尸新娘》主角维克多脸色苍白,骨瘦如柴,总是不自觉地紧张而敏感。艾米莉是个僵尸,只有一半的身体覆盖了皮肤,白色骨头伸出婚纱下,但令人惊讶的是,原本可怕的形象并没有让人感到多可怕,优雅的舞蹈与风摆动婚纱的丰富表达,艾米丽似乎是一个令人心碎的存在。这样的角色塑造,是因为脸色苍白的伯顿,有一颗温暖善良的心。制作方法的复杂程度,使得每一个镜头,每个角色的每个动作,甚至每一个句子都经过无数次的精心安排。观看这部电影时,观众总能被一些小事情所打动。这部维多利亚时代的电影强调对一切事物的压抑,例如爱德华所居住的城堡,王子宫殿,以及威利旺卜的神秘工厂。看过电影的人不会忘记,眼睛像台球,四肢像牙签,苍白无力的"维克多",并且细节和视觉水平得到了一致的认可和肯定。不仅是场景建筑,而且人物的素材和场景的制作打破了以往选择的定格动画的局限性,使用不锈钢作为角色的骨架,其中钢制部件与瑞士手表一样精细制作,使用硅胶制作组织和皮肤,材料的应用和高级新技术的成型为我们带来了一种新的哥特式美学震撼定格动画电影。现在,手工制作的黏土动画片更加贴心,以其独特的风格向观众展示了其非凡的魅力。可以说这部电影开辟了黏土定格动画的另一个新领域(图 2-62)。

图 2-62

在制作过程中,材料应用才是黏土动画电影制作的核心,良好和适当的材料应用是黏土定格动画不断成功的关键。如何使用材料来呈现反映了动画艺术家们的美学思想,这关乎电影的成败。

说到黏土定格动画,就不能不提黏土定格动画界的一大派系——捷克的定格动画。捷克动画大师们走的是超现实主义艺术片路线,他们使用的材料通常不仅限于黏土、面包、木材、陶瓷甚至真正的演员都可以用作动画材料。其中最著名的是杨·史云梅耶。

图 2-63

史云梅耶的作品并不是专供娱乐的商业片,虽然他的动画形式诙谐幽默,但却蕴含了对政治和人性最沉重的批判。法国的《电影手册》这样评价他:“对于人生超现实的悲观诠释,只有文学巨擘卡夫卡可以和史云梅耶相提并论。”史云梅耶的短片动画非常多,代表作有《对话的维度》(1982,图 2-63)和《食物》(1993)。

《爱丽丝》是史云梅耶在 20 世纪 80 年代后期的作品。他创造了真实的角色。电影中的爱丽丝是由真实人物扮演的,没有一般演出时所注重表现的情感,更像是导演制作的真正道具。电影中的物品有不同的纹理,这些纹理是由不同的原材料造成的,如鲜肉、布料、骨头、毛皮、木头、纸张等,散发出不同的黑暗之美。史云梅耶 1994 年的《浮士德》等奇异而不凡的短片震撼了观众的视野,而真人和动画结合的《极乐同盟》同样是对我们神经的考验。

1993 年的英国黏土动画电视剧《原始一家人》(*Gogs*)——由 Aaargh! Animation 制作的。这部片子曾在英国大热,甚至媲美阿德曼的《超级无敌掌门狗》,并影响了《疯狂原始人》和《早期人类》的诞生。

《原始一家人》(图 2-64)共 13 集,外加一个 30 分钟的特别篇。主角是生活在石器时代的一个原始家庭,他们没有语言、没有文明,交流全用粗鲁的行为,故事围绕着生存这个话题,不断上演爆笑荒谬的搞笑日常。片子风格是黑色喜剧、厕所幽默。《原始一家人》制作时,整个制作团队很小,只有五个人,两个导演负责剧本设定分镜等一切前期工作,一个模型师负责制作五个角色和衣服,另外一个模型师负责制作恐龙以及场景,一个动画师负责拍摄。这么少的人,从1993~1997年制作了两季,时长共一个小时左右,这几乎是马不停蹄、日日在拍了。一开始时,每集的制作成本控制在45000欧元。1998年,在BBC购买的最后一集,Aaargh! Animation动用了更多人力,用了35周,花费了750000欧元才完成这篇特别篇,结束了《原始一家人》。

图2-64

从20世纪80年代开始,我国开始实行改革开放,于是中国的动画电影进入了一个新的繁荣时期。中国的艺术家们都在发展民族动画的道路上,非常努力,一直保持着中华民族的风格。这个时候西方的后现代艺术思潮也开始进入中国,于是,中国动画创作开始与国际接轨,与国外进行交流,不断地输入新的理念。中国动画片题材、艺术形式,还有制作技巧等方面都有了新变化,我国动画片呈现出百花齐放的局面,在这个时期,中国的动画片出现了最高水平的创作。1977年,中国黏土定格动画逐渐复苏,其后18年间,共诞生了79部木偶片,其中系列木偶片有5部,占木偶片总长度的44%。观众们最熟悉的《阿凡提》(图2-65)就摄制于这个时期。这个13集木偶系列片制作于1979~1988年。影片取材于维吾尔族民间传奇人物阿凡提的故事。影片讲的是阿凡提用自己的聪明才智把小封建主、财主伯克、巴依这些吸血鬼耍得团团转的故事。阿凡提甚至还敢同国王比智慧,为人民出气。为了塑造阿凡提的形象,创始人两次亲自到新疆寻找阿凡提的原型——关于他的一些

图2-65

民间故事,最终成功地塑造了阿凡提的人物形象:山羊胡子、鹰鼻子、小圆眼、头缠“彩条”头巾、戴帽子、手持采撷乐器、骑着一头小毛驴游走天下。阿凡提喜欢去管世界上所有不公平的事情,为穷人出气。该片第2集《兔送信》1984年5月获第四届中国电影“金鸡奖”评委会荣誉奖;第4集《神医》1989年10月获第六届芝加哥国际儿童电影节一等奖。

图 2-66

除了运用中国木偶戏的传统技艺,20世纪80年代的木偶片还融入了中国传统艺术的多种表现手法,如《愚人买鞋》(1979年,图2-66)与《崂山道士》(1981年)就是用中国的山水画作为背景,使得立体的木偶与平面的山水能够巧妙地融合在一起,取得良好的视觉效果。《崂山道士》背景中山峰连绵不绝,枝繁叶茂,树林之间云雾缭绕。《愚人买鞋》则借鉴了中国画留白底的形式,达到烘托人物的艺术效果。

《瓷娃娃》是一部木偶与真人合成的影片,于1982年12月摄制完成。影片中的瓷雕都是采用景德镇的高岭土,采用手工制作并以非常高的温度烧制而成。有时候一个动作的瓷娃娃就需要制作好几个,而不同姿态的瓷娃娃,则烧制192个。影片的制作工作人员还利用一种特殊的方法——蒙太奇手法,在同一个瓷娃娃上面拍摄各种各样的动作,使得不用关节的瓷娃娃也能够动起来,还能走路,能直力能举手投足,甚至唱歌跳舞。这在中国的美术电影史上是一次非常大胆的探索与创作。

《擒魔传》(1~6集)于1987年11月摄制完成,取材于古典小说《封神演义》,由漳州市木偶剧团演出。影片的场景、音乐、木偶脸谱都具有浓郁的中国京剧的特色。《镜花缘》(1~4集)根据李汝珍的同名小说改编,1991年12月摄制完成。这部影片在保留原著内容的基础之上,发挥了制片人和导演丰富的想象力,创作出许许多多奇怪的人、物和景,使得画面十分生动、惊险、富有趣味。其中第4集《两面国》获1991年度广播电影电视部优秀影片奖和1993年第二届中国影视动画展播荣誉奖。

除此之外,《真假李逵》(图2-67)这部影片对国外的动画风格进行了探索,并且运用到中国的动画当中,也是电影史上的一大成就。从那时候开始,中国在民族动画的道路上不断进行着摸索和创新,奠定了中国动画在国际上的地位,我国被国外称为中国学派。中国木偶动画经过几代人的努力,在把握特有的动画规律的基础上,在作品中成功展示出了中国民族风格和民族精神,他们是现实中真正的"神笔马良"。

图2-67

可以看出,欧美的黏土定格动画,在20世纪70年代处于萌芽时期,而这个时候,中国的黏土定格动画已经发展得比较成熟了,但是在此之后一直停滞不前,甚至还出现了后退的情况。而欧美的黏土定格动画在80年代的后期发展得非常迅速,并且在现在的影视动画片上已经出现了许多的成熟影片。中国的黏土定格动画从90年代以后开始有所回升,但是较欧美而言差距还是比较大的。技术与艺术的完美结合正是黏土定格动画进一步发展的良好契机,探索黏土定格动画的艺术语言也是它发展的根本需求。

随着科技的发展,现在的动画人运用现代化材料来表现传统的黏土造型,以此来追求怀旧的情思,然后表现一个艺术家的个性,也展现出人们的内心世界。自然环境将这种艺术精神与人文环境相互整合结合在一起,表现出更多的形式。至今为止,黏土造型一直在保持着它蓬勃的生命力,并且朝着多元化的方向不断发展。

3　国内外黏土造型的发展现状

在经历100多年的发展演变之后，黏土定格动画已经发展得相当成熟。它经历了逐格拍摄的萌芽期、19世纪末20世纪初作为电影技术的先锋代言的发展期、20世纪20~70年代两次在动画界边缘徘徊的低谷期以及90年代至今的重新振作的繁荣期。一直到今天，黏土定格动画已经重新振作，并且繁荣起来，从始至今黏土定格动画都在不断为人们创造出一部又一部惊人的视觉盛宴努力而奋斗。这不仅代表了黏土动画发展的成功趋势，也带来了大批优秀的黏土动画爱好者和艺术家们愿意投身到这一门艺术当中进行创作，我们也看到了他们对这一门古老的艺术孜孜不倦的探索与创新。

3.1　新时期娱乐需求心理分析

随着现代工业化程度的不断加深，再加上激烈的工作竞争，许多成年人在工作的时候都感到非常有压力，于是在业余的时候，就开始寻找放松自己的方式。人们在闲暇的时候，或者任何时候都希望自己是带有娱乐色彩的人，正是因为生活与工作压力之大，所以人们的心理极度渴望用一种生活调剂方式来解放自己。比如前几年在美国流行起在办公室里吃“户外中餐”的文化，也就是到了吃中午饭的时候，办公室里的人们在一上午紧张的工作结束之后，在地板上铺上一层绿茸茸的草地，席地而坐，在上面吃午餐，就好像在野外游玩一样。这相当于给自己换了一个新的生活空间，同时还起到调节心理，增进同事的感情，加深彼此的认识，提高团队之间的协作精神的作用。由此可以看出，游戏需求心理是社会上每一个人都有的,并且人们能够进行自我调节,人们会有意识地去追求游戏,追求娱乐的享受心理。正是由于这个心理的影响,促使人们去做一些享受和审美的一种非常简单的调节。现在人们往往不愿意在业余时间看一些非常深沉、非常血腥和恐怖的书籍或者电影,反而愿意去欣赏一些非常欢快的,具有消遣性质的杂志或者欣赏一段音乐等。生活在钢筋水泥堆砌起来的城市里的人们每天面对的是拥挤的人流、嘈杂的环境和紧张的工作生活节奏,在工作业余的时间能够放松一下,在某种程度上成为满足人们的娱乐需求,给人们提供乐趣的休闲方式。人们在结束了疲惫的工作之后,晚上回到家里都会希望能够通过娱乐的方式来转移自己的注意力,使疲惫的身心能够得到解放。与此同时,现在的娱乐活动主要是以网络游戏为主,而这种网络游戏太过于城市化,不能够与孩子进行很好的沟通与交流。所以,受众已然开始追寻一种更原始的娱乐方式来最大化满足自己的娱乐需要。

家长和孩子在一起观看动画片的时候,更愿意观看的动画片类型为搞笑类和益智教育类。观众们在观看其他类型的节目的时候,往往会带有一定的目的性,是为了达到某种目的而观看的。但是,在收看娱乐性节目的时候,观众往往会将原有的一些目的暂时抛在脑后,观众们观看娱乐节目的目的大部分都是为了放松自己,其实就是为自己解闷。观众朋友们收看娱乐节目往往是更喜欢它的新鲜,还有趣味的故事情节,也能够给自己一个比较好的打发时间的机会。而这种娱乐方式,对工作压力大的人们来说是非常有必要的,所以在黏土动画的制作过程当中也加入了一些新鲜和奇特的材质以及非常有趣味的故事情节和娱乐元素,来迎合观众的胃口,满足他们的娱乐心理需求。

黏土动画对受众情感层面的挖掘的制作过程非常重视,黏土动画通常是将现实生活中的某种场景或者逼真的物件进行非常原生态的表演,让观众感受到一种非常符合现实生活的客观真实,以此来使观众能够在真正的娱乐节目当中解压。黏土动画制作意识到人们特别喜爱娱乐元素这一个特点,于是广泛地将娱乐元素运用到黏土动画当中。这表明了观众都是带着放松的心情去观看黏土动画的,这也表明了人们在日常的工作和生活当中,往往承受着来自各个方面、不同程度的压力,而压力过大的后果不言而喻,所以每个人都是需要放松的。也有学者指出,黏土动画之所以蓬勃发展起来,有很大一部分的原因是因为人类在社会当中所积累的孤独感与焦虑感往往强烈到一定程度的时候,便会有非常强烈的愿望去释放自己,逃离现实生活,向往一个轻松愉快的世界。所以,黏土动画也就成为被广大的观众认可和喜爱的一种娱乐方式。正是因为观看黏土动画能够有效地缓解观众的心理压力,人们才会喜欢上他。从某种程度上来说,娱乐可以看作是一个心理按摩师。而搞笑又幽默的黏土动画是让人直接获得非常轻松和愉快的重要形式,往往占据着十分重要的地位。黏土动画通过简单纯朴的材质和黏土独有的搞笑表情,并且通过一定的艺术手段来尽力地取得观众的喜爱,使他们发出笑声,于是就在很大程度上缓解了他们的生活压力,一瞬间就感到非常轻松,进而获得心理上的满足。

"猎奇"是人的天性,任何一个社会主体都会对超出常规的、个性化的人、事、物产生强烈的好奇感和兴趣感,潜在地形成了日常行为活动过程中一个重要影响因素。这方面的心理因素也会影响到个人对新形式、新内容的接触行为,不自觉之间会被一些个性化的人物、独特性的事件所吸引。黏土动画的门槛很低,用一个小小的黏土,用手机逐格拍摄就可以进行尝试,人们在观看黏土动画的同时,看着黏土角色造型的奇特材质和有异于计算机动画制作的质朴感,从而激发观众对黏土动画的猎奇心理。

在选择孩子们的娱乐玩具的时候,家长通常会倾向于买一些高安全性并且质量好的玩具。而这些玩具也要具有一些益智的功能,并且能够引导孩子活动自己的大脑和双手。还有一点就是玩具的造型以及它发出的声音,还有趣味性等因素,也是家长选择玩具的条件之一。其中,人们会对不规则形状最感兴趣,同时会被暖调色系、色彩鲜艳丰富的玩具所吸引。而且,人们更期待玩具有益智开发功能,以及具有多种玩法、可拼装拆卸、手工 DIY 小发明制作的功能来满足人们的娱乐心理需求。

著名心理学家马斯洛曾提出著名的心理需要层次理论,即生理需要,安全需要,归属与爱的需要,尊重的需要和自我实现的需要。自我共鸣的心理需求,可以通过黏土造型的制作,随意拉伸变形,从而制作出自己内心深处的世界,通过制作成功的作品,达到自我认同以及对自我实现的满足和共鸣感。黏土动画影片的材料一旦作为镜头主要表现的对象,那么,他便是一个有灵魂有情感的物体,观众的情感会随着这一个物体的变化而变化,和他产生共鸣。这就如移情说所说那样"人们在观察外界事物的时候,往往会设身处地去想象这一个事物,把一个原本没有生命的事物赋予它生命,就好像这一个东西也有感觉,有意识,有情感,也能活动了。同时人也会受到这种对于事物的错觉的影响,容易与事物一起发生一种情感上的共鸣。"黏土造型是一种人与人交流最好的情感表达的工具,同事之间激烈的竞争感也可以在一起协同完成黏土作品和互相攀比各自作品当中达到人与人之间前所未有的亲切感。

如今,人们越来越喜欢亲近自然,盼望着走出现代化都市的大牢笼,追求一种自然的、充满创意与灵性的生活方式;人们越来越讲究生活的品质,希望摆脱现代化压力——隐藏在自己的内心深处的束缚。他们的工作压力越大,就越会回忆起自己的孩童时代的天真无知。他们往往是在这种回忆当中,来使自己的身心得到缓解。而现在的黏土动画早就已经不是只有儿童能够观看的娱乐节目了。成人世界里,他们无法真正地感受到生命最原本的童真与稚气,正是成人的那种所谓的成熟与贪婪,这些因素的作祟,成人与人类的童真,走得越来越远❶。与此同时,现代大都市的工业文明所营造的一种十分紧张的气氛,对人们的内心世界进行疯狂的挤压,在这样的一个时代,人们必然要寻求一种宣泄的载体。

黏土就好像是一件量身定制的手工艺术品,它所营造的童真的梦幻世界,不仅儿童十分喜爱,也激活了成年人早已麻木的尘封已久的童年记忆。对于计算机技术所创造的影像,看到最后人们的感觉永远都是技术大于艺术,太过逼真与平滑的程度上是能够给予人们视觉上的冲击,但是时间一长难免给观众一种疲惫感。而黏土造型——最质朴的手工制造,是现在工业化产物的艺术永远

❶ 张立军、马华. 影视动画影片分析[M]. 北京:中国宇航出版社,2003.

都没有办法取代的,最淳朴的东西往往能够直击人们的心灵,所以它能够受到不同阶段的人群的青睐。黏土造型这一种艺术形式,大大改变了过去的以儿童作为主要观众的一个受众定位,跨越了不同知识结构和不同年龄阶段的观众,深受观众的热爱。黏土造型不仅满足人们审美愉悦的需要,能够满足儿童变成大人,想快快长大的愿望;也能够把成人变成一个儿童,是成人能够暂时回避外界的喧扰和激烈的竞争,去追寻一个心灵清净的梦幻与童趣的世界。

3.2 现代黏土造型的嬗变演绎

黏土动画一直以来都受到广大艺术家的追捧,视觉表现在中国的重新出现,也由于黏土动画的制作材料是艺术家来表现自己的观念与思想的一个很好的物件,许许多多的艺术家们在黏土动画、黏土广告、黏土造型以及黏土短片中,不断挖掘,黏土动画的发展速度一直都很快,艺术家们力争将其独特的魅力演绎到极致。

3.2.1 黏土动画的成熟发展

3.2.1.1 黏土动画发展现状

(1)国内黏土动画。黏土定格动画在计算机技术没出现之前,就有很多脍炙人口的影片出现,比如《金刚》《星球大战》等。黏土定格动画在中国有几十年的发展历史,记忆中的中国优秀的黏土定格动画作品,比如《神笔马良》《曹冲称象》《夜半鸡叫》等对我们来说并不陌生。

2000年,国内第一部黏土动画MV《我爱你》问世,它是由彭磊、李刚等成立的Ultragirl工作室——堪称国内黏土动画先锋所制作的。讲述的是年轻人对感情的不负责任、背叛、欺骗的故事,该片色调鲜明的人物形象与离奇的爱情故事情节,带给人们与以往动画截然不同的视听感受。之后,该工作室又以MV形式制作推出了《她是自动的》《彩虹》等黏土动画短片,将黏土动画与流行音乐相结合,不失为具有创新意义的探索。片中既有写实主义风格的人物角色,又有充满了未来感和奇幻风格的机器人形象,还有形象夸张怪诞的外星球怪兽和动物植物等。

继 Ultragirl 工作室之后,国内另一个具有影响力的团体,以翟翼翚(导演)、赵晓西(资深广告人)、赵宇(美术总监)、张默然(后期剪辑导演)、高鹏(场景制作,摄影)、曾见喜(泥塑模型制作师)等人为核心的"圣土"黏土动画工作室在2006 年成立了。这所黏土动画工作室是由北京电影学院动画学院偶片实验片研究室负责人翟翼翚在北京创立。自工作室成立至今,团队成员致力于黏土动画的探索与实验,至今已完成多部黏土动画长片、系列片、广告片的制作和拍摄。除了拍摄黏土动画试验片,还致力于环保和公益事业,并进行商业模式的运营,在国内具有较大的影响力。圣土黏土动画工作室作品:2007 年短剧《族鲁族鲁》;2005 年《英雄本色》获第五届电影学院学院奖和最佳影片提名;2004 年《小猫道夫》获第四届电影学院学院奖;2002 年《垃圾捷克》获第二届电影学院学院奖。

翟翼翚在初中的时候,偶然间看到中国一个叫新裤子乐队,他们发了名叫 *Disco Girl* 的专辑,在 Chanel V 上第一次看到了彭磊做的那般新锐的黏土动画 MV《我爱你》,才知道原来黏土还可以这么做,从此便爱上了黏土动画。如今,复古的时代潮流让中国潮流青年们似乎更加念旧。像《小兔子米菲》(图 3-1)这部黏土动画,用色简单,角色形象都是圆圆的,特别惹人喜欢。小兔子米菲的形象深入人心,细心的米粉可能会发现米菲的形象其实一直都有细微的变化,因为米菲在自己的世界里也在成长,所以你会发现在它很小很小的时候,米菲小耳朵的顶端是圆的,而现在它长大了,耳朵也变得比以前大一些,顶端变成尖的。

图 3-1

图 3-2

2009 年,圣土黏土动画工作室集体创作了中国第一部黏土动画科教片——《生命的初吻》(图 3-2),片中以一个小精子迪迪星的奇妙旅程,讲述了一个小生命是如何降生到人间的。把一个在中国家庭中羞于启齿的关于生命的问题变得可爱而直观。这部号称是中国首部黏土动画科教片是个比较艰巨的工程,因为光场景制作就要 9 个,模拟人体器官的内部结构,设计了十几个人物形象。关键问题在于,这次的角色造型都是一个个肉眼不可见的细胞,要想让角色性格更加饱满挺费脑筋的,所以就地取材,所有主创人员都成了摹本。另外细胞的造型本来就是一个个圆圆的样子,所有器官七七八八的都在这一个小身子上,就无所谓换头一说了,因为剧情需要不同的表情就得重新做个新的模型。雕塑师出身的他,近一个月来要制作 300 余个类似馒头状的迪迪星,这不是普通人能有的耐心。

黏土动画影片《警察与小偷》(图 3-3)故事改编自陈佩斯的著名同名小品《警察与小偷》,同样是由动画学院翟翼犟导演的。影片采用创新意义的换头术,每一格动画就换一个头,甚至连他的一颦一笑都不放过。翟翼犟告诉记者:“动画片里的人物形象基本是根据小品人物形象夸张后设计的,为了保证人物表情丰富,我们首次运用换头技术,比如陈佩斯的形象,我们做了 150 多个头部造型。黏土动画在国外试验了十多年,

图 3-3

我们下一步的计划是做长片，目前有三个本子在审，其中一个也是根据陈佩斯老师的形象，跨越多个年代的寻宝故事，还有一个是类似《小鸡快跑》写动物大逃亡的故事。”

由成都民间艺术家的原创作品——采用200多个黏土和软陶结合的泥人——中国第一部3D黏土动画《香蛋的故事》历时五年时间诞生了。《香蛋的故事》是我国第一部结合3D技术制造的黏土动画，共104集，是一部穿越时空、科幻与现实结合的动画电视剧。香蛋是个阳光、机灵的孩子，就读于实验小学三年级，学习成绩优异，很受学校老师的喜爱。因为个头小，圆脑袋上生得一对大眼睛，同学们都笑说他像个外星人。香蛋特别喜欢研究UFO和外星人，并且幻想着三星堆外星人有一天会复活。他身边的同学幽芳、笛子、省三、积小、止水等和他一样也喜欢UFO和外星人。在学校老师云锦和秋寒的帮助下，香蛋他们利用课余时间在学校的陶艺工作室，把所幻想的三星堆外星人的形象做成了陶艺作品，深受大家好评。但是学校英语老师比尔和文静却反对香蛋他们的行为，认为这样做是在影响学习。而香蛋他们并没有放弃，在云锦和秋寒老师的帮助下，利用那些小泥人，演绎了许许多多宇宙外星人和中国三星堆外星人恩恩怨怨的故事。因为整个动画都是以泥人为主角，可以说成都土生土长的泥人动画。是成都的民间艺术家“空心泥人王”王先云和“陶艺教育家”张仲安捏了这些泥人。泥人是用手工黏土做成的，比普通的黄土揉制还要细腻。经过烘炉烘烤等工艺，泥人的可塑性不仅更好，而且手、头、腰等身体部位也能扭曲生动。民间艺术家王先云与张忠安共事5年，共捏泥塑300件或400件，制作毛衣两百多件，成都知名导演独立拍摄8万多幅，制作微型道具300多件，编辑了100分钟的电影和104集电视连续剧。

2012年，原创黏土动画《记·忆》（图3-4）根据儿时残留的记忆创作，街上摆摊卖包子、卖面人，深化了美术风格。老建筑、街边小吃和手艺人在小时候还常常见到，勾起儿时点点滴滴的回忆，用此片怀念一去不返的童年。

浮雕黏土动画《相拌一城》（*The journey of Chongqing*）（图3-5）荣获“2017站酷奖”动画类金奖。这支来自杭州蒸汽工场所制作的短短2分钟的影片，是

图 3-4

图 3-5

近年国产黏土土动画里难得一见的佳作。杭州蒸汽工场成立于 2014 年 12 月，是一家黏土定格动画制作公司。公司创始人成伟芳、应勋及核心团队从 2004 年起开始专注于黏土定格动画的创新和创作，13 年间，创作的黏土定格动画创意广告和动画超过 2000 分钟，作品类型涉及原创动画系列剧、电影样片、创意短片、影视广告等，是目前国内定格动画产量最高、技术很先进的制作公司，也是黏土定格动画形式最多样，团队最稳定的黏土定格动画团队。公司的主要作品有《离奇镇》（原名《呀！小鬼》）（图 3-6）、《玫瑰公寓》（图

图 3-6

3-7)、《口袋森林》(图 3-8)、《灯泡人》、《阿呆和阿瓜》等。

图 3-7

图 3-8

《相拌一城》(*The journey of Chongqing*)辅以轻松愉快的配乐,呈现了一段段代表城市符号的相伴关系。我们从短片中看到的,不仅仅是商业宣传,更多的是一种情怀,一段相伴的温暖旅程。尤其是洪崖洞的细节处理,照顾了景深之余,也有浪漫的美感。13 位道具师,共制作了 600 多帧画面,光男女主角,就制作了 500 多个。一天完成 4 秒的速度,历时 42 天,制作完成,刷新了黏土造型传统的立体模式,尝试了一种全新的更有层次感、也更具亲和力的黏土动画形式——浮雕黏土动画——将二维动画与黏土材质结合的方式。道具师们需要在平面纸张上用黏土绘制出每一帧画面(图 3-9)。虽然听着容易,但实际操作中却不那么简单,因为手工制作很难做到像二维三维的连贯性,因而在实际动画成稿中,很明显可以看出有手捏过的痕迹。虽然很难控制每一帧画面的精准度,但黏土的魅力也恰恰来自于此。

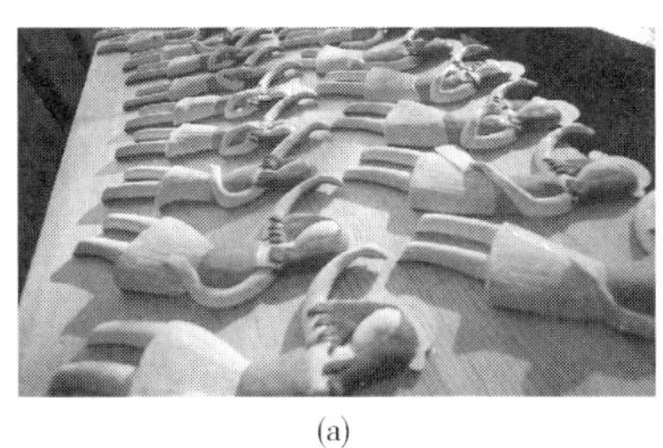

(a)

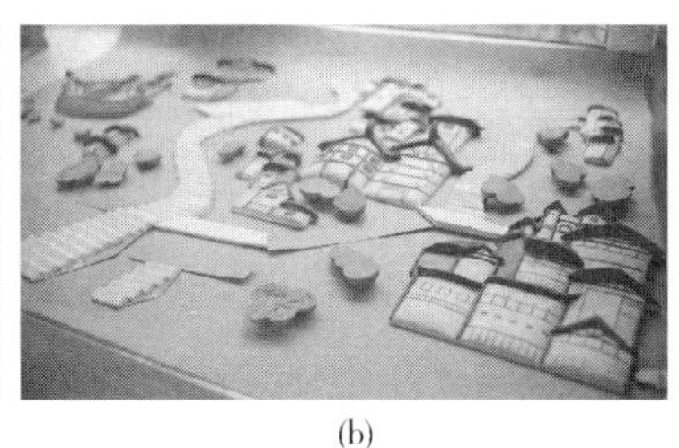

(b)

图 3-9

(a)

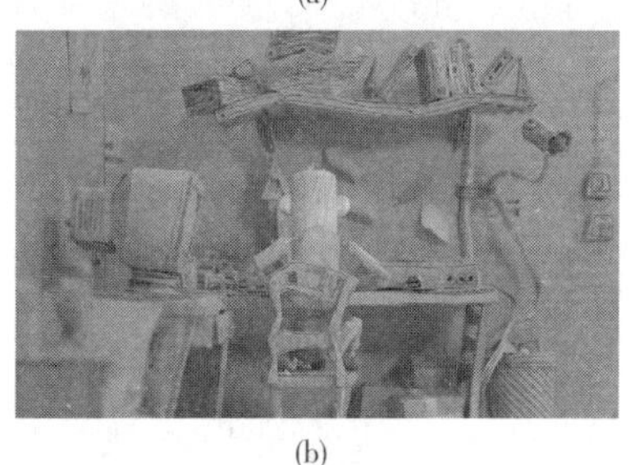

(b)

图 3-10

《忍者宅男》(图 3-10)是 2014 年原创网络枪战定格动画系列片，由相人偶工作室创作的。宅男这个群体相对来说是不合群的，他们有自己的世界，与社会格格不入，他们排斥物质社会，他们更注重精神上的满足。主人公一直都认为精神是永远高于物质的，他不想活得太过世俗化。而与此相对的是社会上的风流人士表面上是一个君子，但是其实背地里却用一些过分的手段与方法去谋求自己的利益。这部影片以非常独特的黏土定格动画的艺术形式，塑造出一个虚拟世界。宅男这个词语成为一个符号，隐约地表现了主角清晰的定位，在影片的一开始，宅男的生活实际上和许多的白领青年是一样的，他们都在为生活和理想而奔波着，然后故事随着他的辞职，组建郊区工作室开始了。

(a)

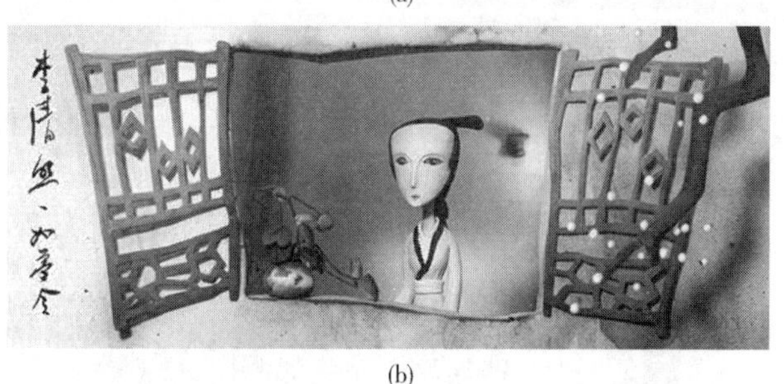

(b)

图 3-11

相人偶工作室于 2015 年出品一部清新典雅的古风黏土动画《如梦令》(图 3-11)，讲述了李清照与丈夫伉俪情深的感情。影片画面细腻，水墨风格的设定用立体的画面表现出来别有一番韵味。《如梦令》场景主要是用轻木制作,小道具一般使用纸黏土,两种材料都很轻便,更重要的是可以在外面用国画颜料进行着色、效果典雅、精致。小道具原本准备采用软陶制作,这种材质完成后可以长久保存,但需要用到烤箱。为了提高效率最终选用纸黏土来进行制作,纸黏土上色便捷,但是不利于保存,也容易坏。

2014 年相人偶工作室同样出品了叫好又卖座的两部黏土动画作品:《鸡鸡侠》(图 3-12)和《消融的时光》。《鸡鸡侠》故事讲述了因为鸡瘟来袭,可恶的统治者为了不让瘟疫扩散,下令屠杀整个鸡族部落。却有一只漏网之鸡,长大之后回来就此踏上寻仇之路的故事!主要材料采用了 PVC、轻木、纸黏土、石膏粉、稻草结合的方式,非常生动有趣。

图 3-12

图 3-13

《消融的时光》(图 3-13)的故事发生在清末民初,苏叁刚考得秀才却遇上科举废除革新,苏叁父亲看着自己辛苦十几载的努力付之东流,郁郁不得志而死。俗话说百无一用是书生,没有其他手艺的苏叁最后只好在小镇上开馆授学,生活上虽然拮据,每日粗茶淡饭,倒也还过得去。该片荣获 2014 年第十一届常州国家动漫节“金恐龙奖”最佳中国动画短片奖和 2014 年首届中国昆山国际动漫艺术博览会“后生奖”银奖(金奖空缺)。

说到我们中国的黏土动画领军人物,不得不提的是手艺工作室的创始人——路岩,其作品见图3-14。2011年,央视节目《探索·发现》栏目的片头出现了用黏土动画拍摄的片头。片头用几个镜头,讲述了一个手艺人老王和他小孙女的日常。老王一辈子做出来的手工艺品足以堆成一座小山,但随着社会的发展,科技的发达,手工艺渐渐淡出人们的视线,人们喜欢的是潮流新颖的玩意,不再是古老的手工艺,而老王,始终默默坚持着这门手艺,正如那些渐渐被淡忘的手艺人的缩影。但是,老王执着于百年不变的操作工艺,在艰难中苦苦支撑,终于勇于开拓创新,将经典发扬光大。短片荣获了2013年度中国影视技术学会"金帆奖"片头类一等奖。央视特别节目《手艺》的片头,就是路岩的手笔。他的作品在央视的荧幕上已经出现多年,之后,他还想做中国的黏土定格电影。

图3-14

路岩的父亲是一位中国木偶剧团里的木偶匠人,家里也常堆满了父亲亲手做的道具,这些道具有时候就成了路岩的玩具。兴趣都是玩出来的,路岩也因此喜欢上了黏土。2003年北京非典肆虐,家家都足不出户,他在家待着无聊,得知有一种新的软陶上市,一时手痒,就买了一堆软陶回家捏。这一捏竟捏出了孩童时期的激情,他想起小时候父亲给他的那支画笔、那团黏土,亲手捏出喜欢的东西时,那种满足感在这一刻充斥着他的内心。即使没有专业的知识,没有看相关的书,仅凭着一腔热血反复实验,越捏越有感觉,他渐渐找到自己的方向,买了更多的软陶来实验。更在机缘巧合下认识了美术教育家博贯休先生,老先生很欣赏路岩,为他搞了一个小工作室研究立体造型。在工作室的一年里路岩认识了更多志同道合的人。其中一个就是北京电影学院的黄勇老师,2006年他们合作了一个黏土动画短片《挤》。2010年,改变路岩人生轨迹的另一个契机来了,通过朋友介绍,央视想跟他合作,为电视节目《手艺》制作黏土动画包装。对路岩来说这是一个难得的机会。即便是制作黏土动画的过程万分艰辛,他也愿意坚持。每一个人物的脸型都让人记忆犹新,有圆脸的,有瓜子脸的,有一脸稚气的,也有老气横秋的,有的和蔼可人,有的却怒气冲天,似乎路岩真的赋予了他们生命一般,每个人偶都是独一无二的。黏土动画包含的手工艺并不仅仅只有一种,它还包括布艺、漆艺、陶艺、木工等,像人物的衣服要根据合适的大小裁剪出布料,然后用缝纫机缝合,如果衣服上有花纹的话就要一针一线地去雕琢(图 3-15)。

(a)

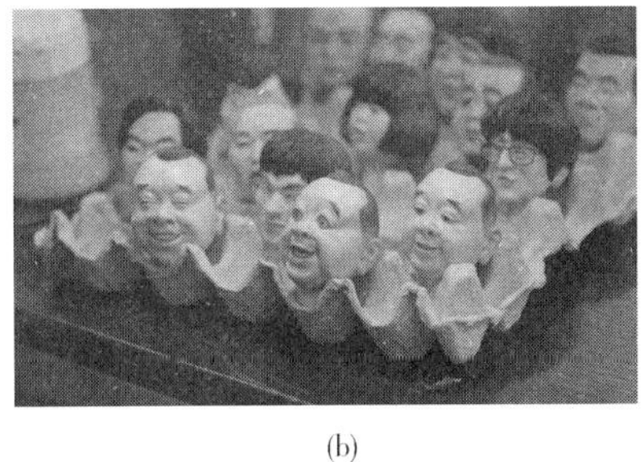

(b)

图 3-15

从 2010 年与央视合作,央视数码为黏土动画的发展起到了绝对的推进作用,给予路岩很大的发展空间和机会。之后,路岩和央视合作制作拍摄了中央电视台科教频道《探索发现》栏目《手艺》系列节目的黏土动画片头,每年 1 部,迄今已经第 6 年。除此之外,他们连续 3 年合作制作拍摄了央视马年春节的黏土动画宣传片、羊年春节的黏土动画宣传片以及猴年春节的黏土动画宣传片;制作拍摄了央视 10 科教频道《讲述》栏目的包装;制作拍摄了麦特影视公司的黏土动画厂标;制作拍摄了中央电视台 5 体育频道《体育人间》栏目《一技之王》《围棋》节目的黏土动画包装。路岩说,虽然这条路会很漫长,但能发扬中国的黏土动画,无论如何他也要坚持下去。

路岩等动画专业出身的创作者对于黏土动画制作的探索,开始吸引国内的众多年轻人对黏土动画形式为主的定格动画的兴趣与关注。近年,在国际动画的影响下,国内动画师们重新审视过去辉煌的成绩和今天尴尬的现状,开始思索现代电影工业体制下黏土动画等定格动画艺术的发展前景。从此以后,越来越多的黏土动画短片开始出现在各大网络视频的网站上,除了艺术家之外,许多普通的人也去参与到这种艺术创作当中。值得高兴的是,孩子们的成长过程中伴随着越来越多的黏土动画出现。我们要相信黏土动画将来一定会前途无量,即使现在还没有一部黏土动画在中国的电影院上映,我们也要坚信,在不久的将来,会出现一部让世界为之瞩目的中国创作的黏土动画。

(2)国外黏土动画。1993 年,《圣诞夜惊魂》问世,这是一部值得每个人仔细品味的黏土动画电影,由美国"幽灵"导演蒂姆·伯顿精心打造。两年后,《僵尸新娘》再续前缘,同样延续了蒂姆·伯顿的怪诞的哥特式仙女世界。鬼偶角色也给世界观众带来了新的视觉体验,赢得了世界上许多观众的赞誉和青睐。

图 3-16

2012 年 10 月 5 日,《科学怪狗》(图 3-16)在北美院线登陆,蒂姆·伯顿首次采用黑白画面,也是首部 IMAX 3D 黏土定格动画长片。这部由迪士尼影业与蒂姆·伯顿共同打造的哥特式风格的黏土定格动画,题材改编自蒂姆·伯顿 1984 年执导的同名短片《科学怪人》,同时也是对 1931 年玛丽·雪莱同名小说改编经典影片的致敬之作。这部影片讲的是一个小男孩偶然在学校的实验课上,看到老师用电击青蛙的方法让青蛙复活过来的方式激发小男孩救活刚被车撞死的小狗的灵感。他用尽办法引天上的雷电来电击小狗的尸体,小狗竟然真的复活了。但是复活的小狗把邻居们给吓坏了,他们把重生的狗当成一个怪物,可怕的是,他们竟然要逼迫他们到小木屋里烧死他们,在千钧一发之际,小狗牺牲自己的性命将小男孩救了出来。男孩儿的父母和邻居非常感动,想再一次把这只小狗救活,他们用汽车发动机来制造电能,又把这只小狗给复活了。

为了给《科学怪狗》营造一个逼真的场景，工作人员从2010年开始，在伦敦建造了一个巨大的工作空间——一个家庭阁楼、一个公墓和一个高中校园。整个演播室被分成30个独立的区域，工作人员分区域拍摄不同环节的情节和镜头。影片中的人物采用《僵尸新娘》时一样的方法，用硅胶覆盖到不锈钢骨架上制作身体，再用布料和毛发将其覆盖。因为电影中很多人物的关节非常细小，所以市面上没有现成的螺栓和螺母可以购买，只能专门请来一位瑞士的钟表师，让他用自己的工具和技术手工制作螺栓和螺母。黏土定格动画的制作是非常复杂的，为了得到一帧图像，首先要将拍摄出来的图片导入计算机之后，再用CG的方式进行处理。

里克·海因里希(Rick Heinrich)，一位与蒂姆·伯顿(Tim Burton)合作多年的艺术总监，参与了整个制作过程。他说，他很佩服这些艺术家的毅力，影片中的许多场景都是极其复杂的，如小镇和街道，它们既要表现出现实感，又要表现出伯顿式的黑暗感。这个小镇的灵感来自蒂姆·伯顿的成长之地——美国西南部的一个普通小镇。影片中有些超现实的设施和物件的设计，来自于蒂姆·伯顿又一叫好电影——《剪刀手爱德华》。

《科学怪狗》是2012年最原创的电影，被复活的附有人性的狗是电影最大的特点，也是一部老少皆宜的家庭式喜剧，男孩与狗之间深刻的感情是电影的真实核心，狗的不合时宜的死亡使少年的世界瞬间崩溃，也具有催泪的效果。在《芝加哥太阳时报》资深影评人 Roger Ebert 看来，蒂姆·伯顿总能在经典恐怖电影中寻找到灵感，相比他以往的作品，《科学怪狗》相对来说轻松得多，虽然它不是一部最完美的作品，却是最受孩子们喜爱的作品。蒂姆·伯顿最为自省的一点是，始终是他掌握着哥特式元素，而不是哥特式操控着他。蒂姆·伯顿在接受一个采访时说：我认为自己大脑的年龄可能只有13岁，我并不想这样，但其实它真的在发生。作为一个孩子，我总觉得自己非常的成熟，但是长大之后反倒觉得自己更像一个小孩子，如果太成熟，那么看到的东西就是死板的、生硬的，我觉得艺术家应该要像孩子一样去看待这个世界。

1993年，英国阿德曼公司推出的第一部系列短片《超级无敌掌门狗》，它的出现给人很大的震撼力。2005 年,英国阿德曼与美国梦工厂再度合作,尼克·帕克与斯蒂夫·博克斯(Steve Box)联合导演了《超级无敌掌门狗》系列的第四部——《人兔的诅咒》(图 3-17),这是阿德曼公司推出的《超级无敌掌门狗》系列的第一部动画长片,这个影片动用了大量的优秀动画师以及大量的工作人员,花费了整整两年时间才制作完成,非常耗时耗力,并且取得了非常大的成功,也因此获得奥斯卡最佳动画短片奖。故事讲述了村民们种植的蔬菜非常棒,他们每年都要参加蔬菜大赛,但是却想不到招来了野兔的骚扰。野兔的体型巨大,来去无踪,村民们为此很发愁,于是无奈之下请来了捉兔专家华莱士,华莱士的狗狗也在队伍当中。为了这一次的蔬菜比赛能够顺利进行,他们当然要查出那些破坏蔬菜的怪物们。于是,在影片中就出现了人兔去偷吃黄瓜和胡萝卜的景象,他们疯狂地毁灭菜园子里的一切,然后张开巨大的爪子露出大大的牙齿,脸上浮现起了非常邪恶的微笑。华莱士等人设计出了许许多多的捉兔工具,本来村民们以为已经可以放心了,但这时华莱士却犯了一个严重的错误,他在操作机器的时候犯了错误,使得这一场闹剧上演得更加轰轰烈烈。阿德曼公司制作小组在吸收经验和反馈的基础上,更完美地突出了黏土动画那种纯洁的特色。整个影片的制作种种花费了 5 年的时间,但是实际的拍摄过程只占用了 15 个月。这部电影的角色也从先前的两个主角演变成了 40 多个角色,一共用了 2.8 吨黏土。两年内,30 名动画师和 250 名工作人员制作了 32 幅完全不同的场景。影片中有 700 多种蔬菜和 100 多种叶子。每月平均消耗 44 磅胶水

(a)

(b)

图 3-17

和1000支钢笔来给模型上色。就每秒24帧而言,85分钟的胶片相当于每秒122400帧。在拍摄期间,导演平均每天在他的工作室里走8000多米。工作室里有150部对讲机,平均每天至少通信10000个电话。动画师为每个角色制作了不同的版本,包括43种不同的阿高、35种华莱士姿势和500多只兔子。动画师还为其他三个主要角色做了近20个不同的嘴巴。由于模特的磨损,动画师必须每周为华莱士做15个新手,平均每2个月为所有角色换一双新眼睛。为了建造达丁顿小姐的豪宅,动画师花了8个星期的时间,用100多片不同的叶子装饰她的花园,制作了700多个蔬菜和水果模型,使用了15000盏不同类型的灯、33个照相机和数码相机、96个不同焦距的镜头。由于工作量太大,摄像机每天平均只能用3秒钟,而且要冒着随时可能会被切断的风险。所以有人说,“这是疯子愿意做的事。”在一个迪士尼放弃传统的手绘动画转而使用3D动画的时代,为什么还有人愿意不厌其烦地与黏土为伍呢?原因很简单,黏十有着计算机三维动画不可替代的原始美与质感。

《超级无敌掌门狗:人兔的诅咒》以英国人独特的幽默感、黏土动画独特的简单和真实感,征服了观众永无止境的童心。阿德曼动画公司为了保证黏土在长时间的光照下不变形,动画制作人员用特制的塑料黏土制作模型。这种材料不仅保留了材料的原始纹理,也比普通塑料黏土或模型黏土更耐用。《超级无敌掌门狗:人兔的诅咒》的黏土角色外表比较粗糙,观众可以清楚地看到黏土独特质地和光泽。有时甚至可以在人物身上找到指纹的痕迹。这种粗糙让我感觉到一种强烈的亲密感:人和黏土、人和各种道具、模特、人和照相机之间的亲密感。通过一对“微型景观”图片,就可以清楚地感受到游戏般的工作状态。从音乐对白到场景布景,这部电影充满了英国人的智慧、含蓄的幽默和浪漫,让观众开怀大笑。

《超级无敌掌门狗:人兔的诅咒》获得第78届奥斯卡最佳动画长片奖,以及当年其他国际奖项的奖励。对这样的荣耀,尼克·帕克谦逊依然,他和斯蒂夫·博克斯在代表最佳动画长片奖《超级无敌掌门狗:人兔的诅咒》上台领奖时发表获奖感言(图3-18),尼克说:“实际上,我们能做的也没有什么,非常感谢给

图 3-18

华莱士配音的配音演员，他今晚也来到了这里。在过去的 23 年当中，他一直在给华莱士配音，非常了不起，很让我佩服，同时还要感谢梦工厂，梦工厂给我们提供了许多有用的帮助，感谢所有的工作人员，大家都非常辛苦。”斯蒂夫：“有人曾经说过，如果你所创作的电影是一部很糟糕的电影，那是你自己干的事儿，但是如果你拍成一部很成功的电影，那就是其他人一起帮忙的结果，所以这一个影片的成功是我们所有人的努力。”❶

2000 年 6 月，在美国和英国同期上映的黏土动画——《小鸡快跑》，由彼得·洛得和尼克·帕克共同执导（图 3-19），获得了舆论和票房的双丰收。《小鸡快跑》是阿德曼公司出品的第一部黏土动画长片，角色以及场景都采用硅胶制作的。这部由美国梦工厂出资，英国阿德曼工作室与梦工厂共同合作的首部在影院上映的标准长度动画片，是一部以实际尺寸来制作角色的黏土动画

(a)

(b)

图 3-19

❶ 吕湛．英式幽默与好莱坞模式——尼克·帕克动画［D］．上海：上海大学．2010.

电影，制作过程极其复杂，剧情紧凑，片中角色众多，充满童趣与睿智。《小鸡快跑》在全球共斩获2.2亿美元的票房收入，获金球奖最佳电影提名等全球多项奖项。公鸡洛奇和母鸡金婕在面对厂长夫妇的剥削和时不时地“鸡肉派威胁”后，选择了鼓动其他母鸡一起反抗养鸡场厂长的暴政。于是，她决心带领大家一起逃出养鸡场的故事。

《小鸡快跑》这部电影是由导演真实的打工经历改编而成的，尼克·帕克曾经在养鸡场打过工，养鸡场里每天都有成千上万只鸡等着他，这就奠定了这一部影片的原型。后来他用自己的工资买了一部摄影机，便一发不可收拾地爱上了黏土动画，从此以后开始了自己的创作之路。芝加哥太阳报是这样评价这一部影片的：它之所以这么优秀，不仅是它的视觉效果非常有趣，也很幽默，还在于这种纯手工制作的影片的甜美温暖。

《小鸡快跑》在2000年上映的时候获得了非常不错的成绩，当时就有不少粉丝希望能够尽快推出续集。据悉，官方终于确认《小鸡快跑2》目前正在制作当中。续集由阿德曼工作室也仍将和曾经制作过《鼠国流浪记》的山姆·菲尔合作，让我们共同期待。

2003年，阿德曼工作室制作了《衣食住行》的续集《动物物语》，以电视剧的方式登陆美国CBS电视台，延续了之前的搞笑风格，依然由动物们来评论人们每天日常生活的方方面面。尽管是蜗牛、青蛙等小动物，讲话也是一口标准的英国口音。虽然是动画片的形式，极力刻画着英伦的风情(图3-20)。

图3-20

2006年11月，由阿德曼工作室制作的喜剧动画电影《鼠国流浪记》(图3-21)在美国上映。该片是阿德曼工作室第一次触及计算机CGI的作品，主要讲述的是宠物鼠罗迪被流浪鼠西德冲入下水道后，发现了下水道中的另一个世界继而开始冒险的故事。导演大卫·鲍沃斯表示，技术人员决定代表用科技的 CGI 与传统的黏土定格动画共同完成影片的原因是——影片中水的制作。该片结合了阿德曼工作室的故事点子和情感浇灌与梦工厂的想象力和创造力。

图 3-21

2007 年,日渐辉煌的尼克 · 帕克与阿德曼工作室的同仁们再次合作,推出黏土动画剧集《小羊肖恩》(图 3-22),截至 2017 年,这部电影在五个季节里共制作了 150 集。2007 年 3 月,它首次在英国广播公司 CBBC 频道播出,并在全球 180 个国家播出。中央电视台儿童频道 2012 年推出了该片的第一、第二季,国内网络媒体则推出了第三~第五季。这部电影充分发扬动画本质,讲述了一只绵羊肖恩和他的同伴在农场里的生活。羊有一些奇妙的想法,它们又有趣又可爱。全剧一句台词也没有,每集 6~7 分钟,延续"掌门狗"的一贯风格。场景是英格兰的一个农场。人物包括羊肖恩,它的羊伙伴,没有多少权威的牧羊人,三只淘气的猪和一个有点笨的农民。肖恩和它的同伴在尽职尽责地放牧的同时,还喜欢参加一些业余活动,比如玩足球和卷心菜、自发性水彩画课程等。简言之,整部电影充满了搞笑的气氛。该剧一直在制作和播放中,受到影迷们的热烈欢迎和追捧。2011 年 3 月 9 日,舞台剧《小羊肖恩:大搞怪》公演,其中包括小羊肖恩电视版的主要角色。2015 年圣诞节期间阿德曼动画在英国广播公司电视 1 台播出一集 30 分钟的电视特别篇《小羊肖恩:农场主的美洲鸵》。阿德曼动画公司为日本任天堂公司的任天堂 3DS 游戏机制作了一些 3D 格式动画短片《小羊肖恩》,每集片长一分钟,需要佩戴 3D 眼镜观看。同年,阿德曼公司推出《小羊肖恩》的电影版,目前也在筹备电影《小羊肖恩》续集的上映工作❶。

同年2月,阿德曼公司踩着小羊肖恩的热潮继续推出由Mark Burton和Richard Starzak联合导演的《小羊肖恩》大电影。Mark Burton曾经参与《小鸡快跑》《超级无敌掌门狗:人兔的诅咒》等电影,是一名导演兼编剧。Richard Starzak一直是《小羊肖恩》第一~第四季的主力编剧,在《小羊肖恩》系列里参与了近20集的编剧工作,是参与编剧最多的编剧之一。《小羊肖恩》大电影是一次城市探险,主要场景发生在农场、餐馆、医院、监狱和理发店。影片越狱是这部电影中最激动人心的部分。在这部电影里有许多笑点,可以说,全程都在欢笑中度过,前一秒还没有缓过来,后一秒爆炸性的笑点又一次出现。电影中许多角色虽然做的都是一些生活中再正常不过的事情,但是经过合理的安排和微妙的碰撞,无聊的东西就变得有趣好玩。在场景制作上阿德曼工作室花费了很多心力,制作人员都是尽最大的努力将细节做到极致。虽然故事从农场延伸到大城市,大部分的故事都发生在室内,但阿德曼并没有放过任何细节的处理,逼真的场景展现城市的

(a)

(b)

(c)

图3-22

❶ 来自百度:定格动画电影魅力

建筑风貌。室内的许多细节模型也是让人觉得惊叹,像墙壁上的海报、便当盒、破烂堆等也都制作得非常完美。在 CG 建模技术如此先进的今天,竟然还有一些人舍近求远,去简从繁地用这样原始、费力的方式制作动画,的确令人敬佩和感动。

(a)

(b)

(c)

图 3-23

2008 年,尼克·帕克又导演了“掌门狗”系列的最新一部短片《超级无敌掌门狗:面包和死亡事件》(图 3-23),影片讲述了华莱士和他的宠物狗阿高改行开起面包店,凭借其精良高效的设计,全自动化面包店招揽不少的主顾。可是,与此同时,一名神秘的连环杀手杀死了 12 名面包师。就在这一天,华莱士在运送面包的过程中遇到并救出了曾经著名的面包海报宣传女孩佩拉。他们相识相爱。在这个过程中,阿高感到备受冷落。一次偶然的机会,阿高发现佩拉实际上就是那个可怕的连环杀手,阿高的主人华莱士成为下一个被屠杀的目标。虽然这回我们的男主角华莱士又遭遇了凶杀威胁,但最后仍然被英勇智慧的阿高化解了。

2018 年,由尼克·帕克导演的黏土动画长片电影《早期人类》(图 3-24)横空出世,在猛犸象游走地球的史前时期,石器时代和青铜时代成为两个独立的部落。石器时代的人以猎兔为生,而青铜时代的人则以生产和商业为生。一天,以暴君努斯为首的青铜时代部落想要夺走石器时代的土地和部落,石器时代部落无忧无虑的原始人遭到青铜时代部落的袭击和流放。无家可归的人们,在勇敢的原始人道主义的带领下,团结起来,为了夺回家园,这个部落向青铜时代的部落宣战,进行足球比赛。石器时代英雄少年道格和他的助手野猪统一了部落,并与强大的青铜时代部落战斗。于是一场部落之间的对抗正式上演。这部影片由 23 名模型制作人制作了 273 个动画模型,每个模型都需要至少 10 周时间制作完成。光是可替换的嘴部模型就有 3000 多个。这些模型并非只是黏土雕塑,它们内部都含有精密的机械骨架,这些精密机械可以轻松操纵模型进行一些细微的动作。可以说,每个模型都是独一无二的艺术品。

(a)

(b)

(c)

图 3-24

《综艺》是这样评论《早期人类》的:该片是迷人的,这是黏土定格动画的一次美好的回归,并且充满了疯狂的幽默和“失衡”的角色,这也让动画制作公司赢得了世界的关注。同时又把疯狂的幽默倾注给了剧本,这也让剧本受到更多额外的关注。从电影开篇的笑话可以看出,导演和编剧注重用双关的形式来展现,尽管创意团队似乎更喜欢的是那些在画面边缘和背景框架衬托下的小笑话,但这也使得这类细节丰富的电影值得反复观看。

现已年过 50 岁的尼克·帕克看起来比实际年龄年轻很多,一直没有结婚,无儿无女,生活极其低调,除了工作,就是去农场,茫然地看着动物。在一部关于阿德曼的纪录片中,他谈到了华莱士和阿高,并说:“我想我见过他们,不是创造他们。我做的每一个细节不得不征求他们对所有的同意。”

英国阿德曼动画公司将旗下热门动画《小鸡快跑》《超级无敌掌门狗》《小羊肖恩》系列 IP 与主题乐园和现场表演业务结合起来,逐步将业务扩展至中东和亚洲地区,VR 和 AR 等技术的引入,将提供更好的实体体验(图 3-25)。在中国,将小狗阿高加入庆祝狗年的活动中,卡通形象出现在服装等产品上,尤其在香港地区,相关的产品组合非常庞大。在日本,与小羊肖恩相关的零售业务非常强劲,甚至被视为本地生活品牌。零售业的强劲势必推动小羊肖恩实体体验业务的发展。无数游客进入了小羊肖恩、小鸡快跑、华莱士和阿高的世界,一边品尝当地美食薄荷糕,一边感受热门卡通形象带来的感官愉悦。阿德曼动画公司使他们成为全世界受欢迎的动画角色。

(a)

(b)

图 3-25

在过去的 30 年里,阿德曼对黏土动画的制作模式和艺术语言进行了大量的研究。华莱士典型的大嘴形象不仅带来了夸张生动的表演,而且为了控制喉舌能带来更加完美和流畅的视觉效果,由近 20 个多余的嘴交替进行。阿德曼根据形象不同的口型,根据 26 个英文字母的发音制作了大约 16 个替代口型。编导在摄影表中准确标明每句话、每个字母发音持续的时间,动画师就可以按照摄影表进行口型的替换拍摄了。尽管经验丰富,准备充分,但完成《兔子的诅咒》还是使用了250多名工作人员和30多名动画师参与制作,在如此繁重的工作量下,平均每天也只能拍摄3秒钟,《兔子的诅咒》总共花了五年时间制作完成。

蒂姆·伯顿的《僵尸新娘》使用的技术比英国人更先进,专注于手工艺技术。模型制造者专门为每个模型的头部制作精确的机械结构来完成各种表达式。为了使人们偶尔有丰富的表情变化,制作人员在均匀的颅骨上安装了机械旋转装置,可以通过耳朵和隐藏在头发中的器官控制一些表情。洋娃娃的服装首饰也很费心。花了一个月的时间,僵尸新娘才戴上面纱和花冠。蒂姆·伯顿花了10年时间才完成《僵尸新娘》,所有的角色都是手工制作的。

《9.99美元》(图3-26)是2008年上映的澳大利亚/以色列合拍动画剧情电影,由塔蒂亚·罗森娜尔执导。大卫·皮克,28岁,失业在家。他和父亲住在一间公寓里。他一心想找到生命的意义。一天,他看到一本书,声称能以9.99美元的低价买到所有东西。因此,有各种各样的普通人对自己的生活产生怀疑,同一套公寓也在上演着奇怪的故事。《9.99美元》用黏土制造的质朴的方式告诉你现实的真谛。该片为塔蒂亚·罗森娜尔拿下了唯一的两座导演奖项。

图3-26

2009年,先后有三部黏土动画相继问世,分别是《了不起的狐狸爸爸》《玛丽和马克思》和《鬼妈妈》。2009年的动画领域,仍然是CG动画在独领风骚,但是,艺术家们对实景拍摄的黏土定格动画作品,仍然具有非常强的吸引力。黏土动画中的角色都是真实的玩偶,包括角色的秀发和纹理。所谓的

CG 技术所创造的视觉享受很难实现。计算机技术将永远受到限制,而黏土固定框架拍摄创造了一种原始粗糙的美感。黏土定格动画是动画制作最基本的方式,但却也是最耗时耗力的工作,一帧帧的画面都要用特制的相机拍摄下来。而一部动画长片里的帧数,是一个非常巨大的数目。艺术家们对黏土动画投注的热情和精力,体现着一种"乱世"下难得的宁静和平和,这种心态和创作态度让人敬佩。

20 世纪福克斯电影公司制作了第一部黏土定格动画——《了不起的狐狸爸爸》(图 3-27),这也是导演韦斯·安德森的动画片处女作。影片用尼康第一款全副数码单反相机 D3 拍摄。本片于 2007 年在伦敦开始正式制作,2009 年初制作完毕。花了 7 个月的时间才制作好了导演觉得完美、无可挑剔的第一个狐狸先生的模型。为拍摄本片一共准备了 535 个模型。狐狸先生制作了 17 个不同风格的模型,甚至连尺寸都不太一样,一共有 6 种不同的大小。甚至连狐狸爸爸衣橱里的衣服和导演安德森衣橱里的衣服都一模一样。为了制造出某些环境效果,韦斯·安德森还要特地安排相关的环境,例如在飞机场,让飞机飞过的时候来拍摄。从画作风格到剧情体验,都具有非常高的水准。虽然狐狸爸爸从开始的小偷到为爱改行,再到"重操旧业",但是,面对人类的侵略,为了挽回自己的尾巴,解救被绑架的侄子,恢复被掠夺的荣誉,狐狸爸爸开始转变为负责任的领袖,带领其他动物进行绝地反击,最终获胜。更重要的是,他赢得了所有人的尊重以及妻子和孩子的理解,使家庭、感情回到了非常完整的轨道上。我们最后看到的是一个狐狸家族,它战胜了人类无限的欲望,回到了和平的生活。对狐狸老爸来说,他们保卫了自己的家园。对观众本身来说,看到那些被教导后充满欲望的动物是一种乐趣,也是对人性本身的一种彻底反思。《了不起的狐狸老爸》最终演变成一个有意义的黏土动画,这可能不容易被儿童理解,但它很容易提醒成人。而一流的画面,精致的细节,有趣的人物,美妙的音乐,一切都变得无可挑剔。

(a)　(b)　(c)　(d)　(e)　(f)

图 3-27

《玛丽和马克思》无疑是2009年黏土定格动画中的一匹黑马，导演亚当·艾略特用他最擅长的表达方式，让很多观众在影片中发现了自己，看到了人性和人生。电影讲述了一个小女孩和一个成年人——患有亚斯伯格综合征的马克思之间长达18年的笔友情意。他们一起经历了建立亲密关系过程中的害怕、担忧、亲密、背叛、绝望、原谅、和好等诸多情感，却从未见过面。最后玛丽去见马克思时，他却已经逝世了。他们互相包容着对方的缺点，也接受了自己的缺点，包容了自己。就像马克思所说的："我将不得不接受自己，包括缺点以及一切，我们无法选择自己自身的缺点，他们是我们生活的一部分，我们只能接纳，然而，我们可以选择自己的朋友。"

《玛丽和马克思》中所讲述的故事，很多灵感都源于导演亚当·艾略特的真实经历，马克思的角色原型正是他在纽约的一位笔友，他们之间通信已有20年。这是一部黑白黏土制作的电影，没有迪士尼绚丽的色彩，没有好莱坞惊心动魄的剧情，一部探究心灵和人生的纯手工动画电影，却屡获大奖，获得一致好评；这是一部画面奇特，剧情略显荒诞的电影，人物形象略诡异，几乎没有台词，有些旁白，这些夸张的画面连在一起，成就了这样一部温情的动画。

导演亚当·艾略特是一位著名的独立动画师，他的作品 *UNCLE*、*COUSIN*、*BROTHER* 和《哈维的一生》参加过无数影展皆深获好评，其中《哈维的一生》更得到2003年奥斯卡最佳短片动画奖。《哈维的一生》(图3-28)只有短短的20分钟，道尽哈维的一生——一个天才、一个怪才、一个疯子、一个有意思的人。这是一部黏土木偶的短片，描述了哈维的人生观。虽然在别人眼里，他的生活充满了悲伤和不幸，但实际上他很幸运和幸福。哈维的人生观是以一系列简单而又充满智慧的事实为基础的，使他能够以更清晰的眼光接受复杂而混乱的世界。

《玛丽和马克思》从最初的构想到整部电影拍摄完毕，一共花了将近5年的时间，因为是用黏土制作的人物，所以在影片中有些地方可以看到人物衣服上工作人员捏印的指纹。整部动画片大概花费了13万个经过定格的画面，导演亚当·艾略特在拍摄期间吃掉了将近5000块松饼，他不仅设计了影片中所有

(a) (b) (c)

图 3-28

角色的人物形象,还是这个感人至深故事的编剧,并且亲自参与了黏土的制作。影片中的每一个视觉元素都必须是手工制作的,然后用照相机记录下来。这似乎是数字特效时代的一个异常要求。许多定格动画电影经常使用特殊的软件来处理影片中的缺陷和手工制作。《玛丽和马克思》(图 3-29)是一个例外。为了让黏土对沿着所需的路线移动,他们制作了金属棒和球形接头来支撑它们。50 人团队,132480 张照片,6 台摄像机,10 个动画组,7 个拍摄组,2 名服装设计师,147 名裁缝,212 名泥人,133 个场景,475 个微型道具,1026 个不同的嘴,886 只手,394 名学生,38 个泥灯泡,808 个茶包,632 个泥模具。导演亚当·艾略特要求一定要纯手工制作。而他与整个剧组辛苦付出的一切也终于有了回报,《玛丽和马克思》替他们拿下了包括德国柏林电影节水晶熊奖在内的多项奖项,没有任何的高科技合成,这样一部返璞归真的电影以及制作者们的坚韧与严谨让我们不得不敬佩。

2005 年,莱卡工作室成立,莱卡工作室的前身,是曾在 20 世纪 80~90 年代风生水起的威尔·文顿工作室。成立初期,莱卡工作室延续了威尔·文顿工作室动画电影和商业广告两个部分的结构,其中,动画电影类型包括黏土定格动画和计算机特效。

《鬼妈妈》(图 3-30)是莱卡工作室花了四年时间制作的第一部黏土定格动画。这部电影是在 2009 年上映的,是由亨利·塞利克拍摄和导演的。它不仅继承了赛利克的哥特式风格,而且达到了莱卡工作室的制作标准。《鬼妈妈》是

(a) (b) (c) (d) (e) (f)

图 3-29

一部典型的黑暗童话风格。它最引人注目的特点是它的怀旧风格的动画。在计算机三维动画横扫一切的现代,亨利·塞利克几乎成了唯一一位"怀旧"的老派导演,成绩斐然。在《鬼妈妈》中,亨利·塞利克通过逐个拍摄模特和木偶给了她们生命。而计算机技术只是一种辅助手段,使拍摄工作不再那么烦琐,充满了对动画本身的触摸。亨利·塞利克说:"这部电影的风格仍然与过去保持一致。我认为首先要解决的是人物的形状。正如你所看到的,这部电影中的人物仍然很独特,我非常喜欢这个娃娃般的人物形象。一些观众曾经对我说,我

(a) (b) (c) (d) (e) (f) (g) (h)

图 3-30

要坚持多久才能恢复古老的动画？我认为，只要观众满意，我会继续这样做。我们首先制作每个角色的形状，每个角色都做了几个表情、手势和穿着，特别是我们的主角，小女孩卡罗琳，为她制作了100多个模型。”《鬼妈妈》一经发行，就受到影评人和媒体的高度青睐。第二年，它被提名为奥斯卡最佳动画片。《鬼妈妈》的广泛赞誉，莱卡工作室也迎来了它的蓬勃发展。

时隔三年多，莱卡工作室第二部黏土定格动画长片《通灵男孩诺曼》（图3-31）上映。影片中的僵尸、女巫和灵媒等情节延续了莱卡工作室哥特式元素的

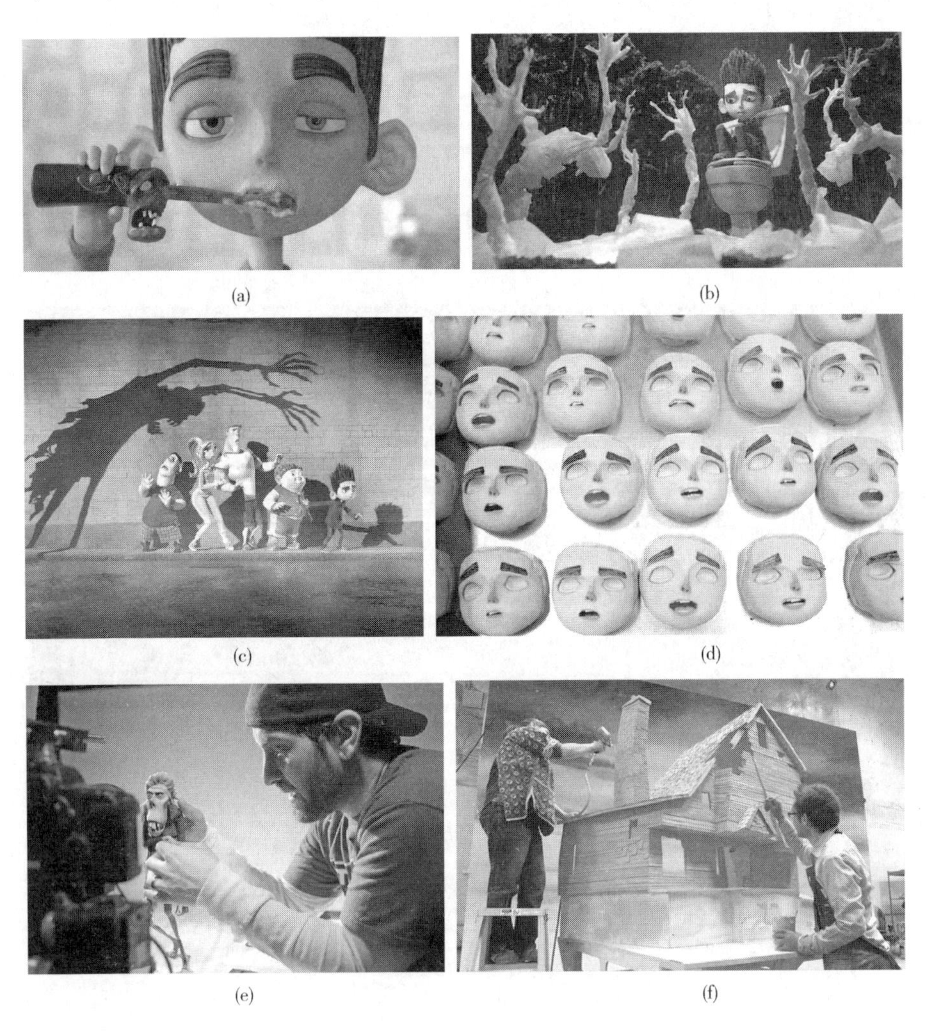

(a) (b) (c) (d) (e) (f)

图3-31

热爱,巩固了这种哥特式和黑暗的古怪风格,并将其传送到莱卡动画的血液中。为了制作几只宠物,剧组成员在一起待了3~4个月,不包括设计和测试时间。总共有60名技术人员制造178只宠物。诺曼有8800张脸,表情各异,眉目传情。这意味着这些脸、眉毛和嘴巴的不同组合可以独立地改变诺曼150万种不同的表情。诺曼标志性的头发上有275颗指甲。诺曼毛发由羊毛、热胶、强力胶、动物毛皮和毛发胶制成。诺曼在浴室里遇到了鬼魂的场景,这个场景花了他们一年的时间来制作。为了营造一个城市的景观,工作人员在300英尺长的道路上,并在周围种植了2000多棵树。这部电影大约有36个不同的场景。为制作这些场景,邀请了18名木匠、18名景观设计师、6台起重机、12名景观画家、11名园丁和10名服装设计师。诺曼穿着量身定做的T恤,缝了102针,其中领口缝48针。整部电影共有120件不同的衣服。整部电影中最小的道具是诺曼的母亲使用的香水喷雾,这都是由技术人员手工制作的。这个道具在电影中扮演着重要的角色。最终产品高约1.5厘米,直径约0.32厘米,而喷头直径仅为0.15厘米。

2014年上映的《盒子怪》和2017年上映的《久保与二弦琴》也延续着同样的风格。《盒子怪》(图3-32)根据艾伦·斯诺奇幻探险小说《这儿有怪兽》改编,这种绘画风格的“怪异”黏土动画突破了美与丑的界限。虽然它的核心是一个童话故事,但电影中翻滚的蛆和人物脸上的红色和化脓包等造成了心理不适的画面,让人们再一次看到了莱卡工作室的乐趣。

《久保与二弦琴》(图3-33)这部电影以日本文化为背景,讲述了一个小男孩Kubo无意中召唤了邪恶的灵魂,却威胁到他家人的生命,为了拯救他们,Kubo不得不进行一次冒险式的旅行。莱卡在电影中首次尝试了东方元素,也首次展示了史诗场景。但大部分数字特效都会先用实际手工完成的效果测试。影片中一具足有16英尺高、400磅重的骷髅也是迄今为止最巨大的定格动画木偶。可以想象,这具木偶不仅要完成设定的动作、还要精确配合拍摄,这将给电影制作增加难度。由于影片涉及的木偶、场景众多,这部影片也被莱卡认为是迄今为止他们接触的最为繁杂的一部电影。

(a) (b) (c) (d) (e)

图 3-32

莱卡工作室的黏土动画充满了怪异和黑暗的色彩,但是在这些外表下又具有纯真和美丽的本质。它似乎一直走在主流的边缘,使观众能够体验到与迪士尼、皮克斯和其他好莱坞动画作品截然不同的风格和魅力。莱卡工作室始终保持着一种严肃、阴郁的方式来突出故事的情节和主题,这也正是莱卡的成功所在。

2007 年的《坐火车的女人》(图 3-34)在渥太华动画节上获得最佳叙事短

(a) (b) (c) (d) (e) (f)

图 3-33

片,在多伦多世界短片节上获得最佳短片奖。除了精致的材料应用,这部电影最独特的地方在于它合成了人的真正的眼睛。制作木偶时,首先拍摄木偶的动作,然后训练演员根据这些动作进行眼部表演,最后在计算机中将眼睛合成到木偶的脸上,这样一个生动的表演场景就跳到了屏幕上。影片中的人物有一双明亮而闪亮的眼睛,用无法形容的灵性刺激着观众的心灵。

近年来,亚洲黏土动画的势头也非常强劲,他们也在努力追赶着欧美的步伐,创作出一系列具有相当水准和独特风格的作品。2002 年,由韩国制作的黏

图 3-34

土动画《哆基朴的天空》(图 3-35)感动了无数的韩国观众,影片讲述了多吉普从一群毫无意义的小狗的粪便中逐渐发现自己存在的意义。2003 年获东京国际动画优秀作品奖。这部有着良好声誉和票房的黏土动画电影改编自韩国最畅销的儿童文学作家权正生的著名童话作品。自 1969 年以来,韩国的孩子们都在看这个故事。“如果你是被创造出来的,它将是有用的”。“生命从开始时就结束了。”“美丽来自平凡的贡献。”像这样的故事会使孩子对这些简单的哲学有更深的理解。

日本 NHK 电视台播放的黏土动画不同于世界上著名的黏土动画。它们一般都很简短,没有固定的“截止日期”,不像其他商业动画,它们不受制作和广播

(a)

(b)

图 3-35

数量的限制。日本 NHK 电视台现在仍在播出的、有着很长历史的黏土动画片叫 *KNYACKI*！（图 3-36）。这部电影讲述了世界上一只名叫“knyacki”的小昆虫的冒险故事。从 1995 年到 2009 年，制作和播放了近 40 集，每集持续约 4 分钟。近年来，公司以每年 20 分钟的速度完成了新产品的生产。

图 3-36

日本机器人动画工作室野村贤三（Kenzo Nomura）也为日本 NHK 电视台（NHK TV）执导了一系列黏土动画电影，名为《背着房子的詹姆》。这部电影的主人公是一群像蜗牛一样但又区别于它们的一种生物，整天身上背的不是圆壳，而是小房子。它们有家人和朋友，它们每天都上演着一段段有趣的情景喜剧。

除了这两部作品以外，NHK 电视台还播出了《那丘和波姆》《小奇和爷爷》等，这些黏土动画呈现了一个有趣的生活情景喜剧。NHK 电视台专门设立了一个5分钟的专栏节目，专门用来播放黏土动画或其他实验动画。虽然空间不大，但它给制作特殊动画的人，包括黏土动画，一个很好的舞台展示。NHK电视台是日本的“国营”电视台，他们愿意为艺术动画保留一块领地，这样的做法是非常值得我们借鉴的。

图3-37

除此之外，日本导演长尾武奈还制作出一系列血型黏土动画，在网络上广泛传播，像《电锯女仆》《血腥约会》《血腥森林》（图3-37）等。

现在，有许多知名的音乐家热爱这门质朴的艺术，许多黏土动画MV孕育而生，给大家一部部的视觉震撼。Radiohead的*Burn The Witch*（图3-38）以英国导演罗宾·哈迪1973年经典电影《柳条人》为蓝本，MV只有短短4分钟，但用黏土动画进行“翻拍”的方式，却做出十足的电影感。整首MV用色大胆，人物模型制作细腻，黏土动画所特有的“天真”与“呆滞”，用在这黑暗无边的故事里，也相得益彰。

巴黎电音天才魔女艾米丽·西蒙2003年*flowers*的MV（图3-39）同样采用了黏土的形式来制作，通过高超的黏土动画技巧，营造橡皮泥的效果，各种钟楼怪物、科学怪人，通过黏土人偶与平面动画结合的方式，打造一个瑰丽的世界。

3.2.1.2 黏土动画角色造型的发展趋势

随着时代的进步和科技的发展，黏土动画的制作已经运用起了科技的手段去完善自己的画面效果，用科学语言做出完美造型的同时，呈现出视觉效果逼真化、角色明星化、故事情节化的三大趋势。

（1）视觉效果逼真化。黏土动画的无拘无束的表现力与传统动画和计算机动画相比，主要是材料和拍摄的方法不一致，黏土动画的拍摄对象是多种多样

(a)　(b)
(c)　(d)

图 3-38

的,大自然界中的任何事物都可以作为拍摄对象。因此,黏土动画是最简单、最自然、最直接的反应自然的一种动画艺术形式。对黏土动画来说,材料的表现在他的艺术语言当中具有一个非常重要的地位。

图 3-39

黏土动画实际上是将许多个静态的画面连起来,形成一个动态的影像,观众们所看到的,实际上就是一个连续播放的幻象。黏土动画通常也是用这种方式来传递内容的故事情节和营造气氛。所以,黏土动画的材料在选取的时候,是综合运用材料来塑造一个真实的角色,通过材料本身的特点去布置一个现实中的场景,然后通过写实的影像,让观众觉得他看到的东西实际上是真实的。

材料本身具有的肌理特点,使得影片能够反映出一种自然的亲和力,各种各样的材料,共同形成一部影片,整体的、写实的美感已经完全超越了原本的真实,而更加具有一种艺术化的情感在里面❶。

第80届奥斯卡最佳动画短片《彼得与狼》拍摄时,一片172平方米的“森林”被建在工作室里。作为电影的主要场景,“森林”由300多个真实的树枝加工而成。每棵树的比例为1∶5,生产1700棵树和数千棵草。“花园墙”是由旧金属块和木材拼凑而成,比例为1∶3。也就是说,这要把整个世界都缩小,艺术家们共同利用不同的材料,运用特殊的艺术方式作处理,创造出具有艺术性,但是又有真实感的东西。在创建角色的时候,爷爷的头发是用驼羊的毛做的,它非常蓬松,具有真实感,而且很自然,皮肤是用一种半透明的特殊材料与颜料混合在一起制作而成,质感非常接近于真实的皮肤,爷爷的眼睛非常有脉络纹理,艺术家还给爷爷的眼睛抹上甘油,使其变得非常有神。整个影片当中弥漫着原始材料的质感与美感,使这一部童话影片更加有一种人与自然和动物和谐相处的融洽氛围(图3-40)。

黏土动画技术的创新,可以说是影像革命当中的一个奇迹,各种各样的材料和物件,都成为能动能跳的演员。黏土动画的材料不仅通过自身的质感来塑造出真实感,艺术家们还充分挖掘了材料自身的特点,赋予它生命力和灵魂,使其充满了灵性之美。正如埃尔文潘诺夫斯基所说:“我们平常说的静止的东西在这里是不存在的,无论是房屋还是树木或者是闹钟,在影片当中都是具有生命力的,他们能够像人类一样活动,也能像人类一样有面部表情,还能说话。有时候即使是一般的动画片,里面不同的物体,只要赋予了生命力,就能在影片当中具有非常重要的作用。”❷第80届奥斯卡最佳黏土定格动画短片《坐火车的女人》(图3-41)为了使影片达到一种特别逼真的效果,艺术家们竟然使用真人

❶ 孙立军. 影视动画场景设计[M]. 北京:北京中国宇航出版社,2009.

❷ 杜布莱西斯. 老高放译. 超现实主义[M]. 上海:三联书店,1988.

(a) (b)

(c)

图 3-40

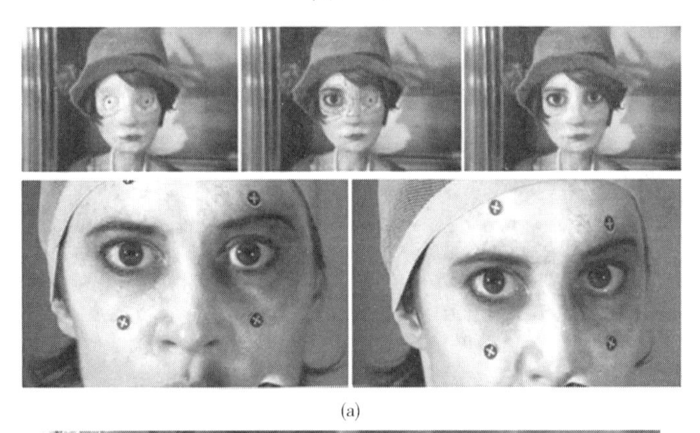

(a)

(b)

图 3-41

的眼睛,合成到玩偶的脸上,影片当中的主人公那一对神采奕奕的大眼睛,散发着灵性的光芒,刺激着观众们的视野。

《久保与二弦琴》的制作人 Dan Pascall 曾经说过:莱卡工作室的艺术家们放弃了制作电影的简单方法,选择了一种更复杂、更耗时的方法。当制作黏土动画时,动画师需要手动移动道具,改变角色的表达方式,以每秒 24 帧的基础拍摄场景中微妙的动作和所有东西的变化。莱卡工作室的每一片风景都是在工作室内建造的,它是由泡沫、木材、树脂等组成的。制作部负责制作场景、角色和道具,最耗时的往往是那些不容易被注意到的细节。例如,在《久保与二弦琴》中有一艘木船,木船上面覆盖着满满的树叶,这些数千片叶子是由设计部门一片一片非常用心地制作然后一片一片的拼合在一起的,可见其用心之处(图 3-42)。

图 3-42

记得看到《玛丽和马克思》纪录片的时候,有一些场景要制作下雨或者下雪或起浓烟的效果。使用 CGI 很容易,但是因为导演亚当·艾略特命令这些场景必须要在现场进行,不可以采用任何 CGI 技术,这使得很多事情都变得非常复杂,而且需要一遍一遍地练习。在前景和远处的雨水中,动画师想出了一个主意,为了使雨水的条纹状更加清晰,他们用一根有机玻璃管把角色放在一块大玻璃上,以反映雨水的形态。对烟雾的效果,他们用金属丝网在扩散的背景下创造出一种朦胧的感觉,再搭配一些雨水后,它看起来非常真实(图 3-43)。

几乎每一种材料都能创造出惊人的视觉效果,只要动画师能为它设计适当的动画语言。要给无生命的物体生命,我们需要遵循自然规律。自然界中大而重的物体移动缓慢,落地时间长,起飞时间短,人们常常感到悲伤和压抑的情

图 3-43

绪。轻量级的物体则相反,它们落地时间短,移动迅速而轻,起飞时间长,节奏也非常清晰,给人一种轻松愉快的心情。根据这些规律,具有情感色彩和强烈个性的行为依附于无生命的物体上,使其既能像生活一样运动,又能赋予其个性化的表现和丰富的情感世界。

因为大多数黏土定格动画都是由黏土、橡胶泥这种柔软的可塑性非常强的材料制成的,当这些材料随着运动的变化而成型时,不可避免地会使表面变形。变形部分在连续投影中表现出非常特殊的变化效应。三维动画不能模拟不规则的粗糙纹理,这也是黏土动画的一大特点。例如,韩国 DAEWO 汽车 30 秒的黏土广告动画中,汽车粗糙的皮肤纹理在拍摄过程中是非常自然和美丽的,三维动画很难模仿这种随机自然的效果。这种基于自然材料的原始感,不仅为动画师提供了别样的创作对象,而且为观众带来了最自然的视觉享受。

与其他动画艺术形式相比,除了使用不同的工具和材料,黏土动画的拍摄技术也是最大的区别,成为费时费力工艺性很强的一种艺术形式。他们用一个照相机来捕捉生活中真实动作,通过在真实场景中的角色来比拟黏土动画的拍摄。黏土动画以每秒 24 帧的速度连续拍摄的方式,按顺序显示出来。因为黏土动画都是实拍,用计算机合成的部分较少,动画师需要在实际场景中制作同样大的场景使角色可以有更大的空间发挥。专业的动画师要准确地把握和计算出角色做出连续动作后的最终效果,所以需要一遍遍地回放和推敲每一个动作[1]。在制作黏土动画时,经常会出现一整天的工作会白费的情况,因为如果某个黏土动画师在回放时发现漏掉某一格动作,那就要重新进行拍摄。经过反复的推敲,为了使角色的动作更加具有准确性,黏土动画师已学会利用定位仪,将指针指向要制作动画的部位的参考标定点,制作下一个动作时就能以这个标定点作为参考。黏土动画的拍摄是需要黏土动画师一对一地操控角色,黏土动画拍摄不允许任何一个动作遗漏或不到位,这样的严谨性无疑是对动画师提出了更高的技术要求。

黏土动画中使用的材料工具和拍摄技术勾勒出其独特的艺术语言特征。它以自然素材和最原始的拍摄手法,赋予画面上平凡的事物生命般的活力,指出动画的本质和实质是"动画师在创造上帝般的世界"。

黏土动画师会想尽办法在生活中寻找更加有意思的材料,他们用各种材料来模拟活人或动物的各种动作和姿势。为了使这些角色可以随意改变形状,黏土动画师将可移动的骨骼和关节装在这些材料制作的角色上,这样黏土就可以有一定的支撑力和硬度。由于黏土本身的可塑性,它们模拟真实世界中物体的运动,努力做到流畅性和真实性。

尼克·帕克从20世纪70年代末开始从事黏土动画工作,到20世纪80年代初成立的阿德曼动画公司,他继续着大量黏土动画的创作和拍摄,其中包括大量的黏土动画广告片创作,尼克·帕克和阿德曼公司在黏土材料和表演方式上做了极大的努力。为了达到人物造型更为夸张、荒诞的幽默效果,在品客薯片的广告中,设计师将真人的身体和玩具的头部模型结合在一起,让演员戴上模型头罩,用真人扮演玩具人偶,再按照黏土动画的拍摄模式制作动画,最终得到了这部情节爆笑的广告短片。

力求真实人类效果是黏土动画的本质,在僵尸新娘中,黏土动画师为了使角色看起来更加细腻、完美,他们会为角色制作皮肤。蒂姆·伯顿为每个角色

[1] 从红燕. 动画运动规律[M]. 武汉:武汉理工大学出版社,2005.

制作了一个内部表情控制装置。该装置隐藏在头壳中,角色的表情可以通过隐藏在耳朵后面的杠杆来控制,这使得角色在固定帧拍摄的变幻动作中更加稳定,表现更加细腻逼真(图3-44)。

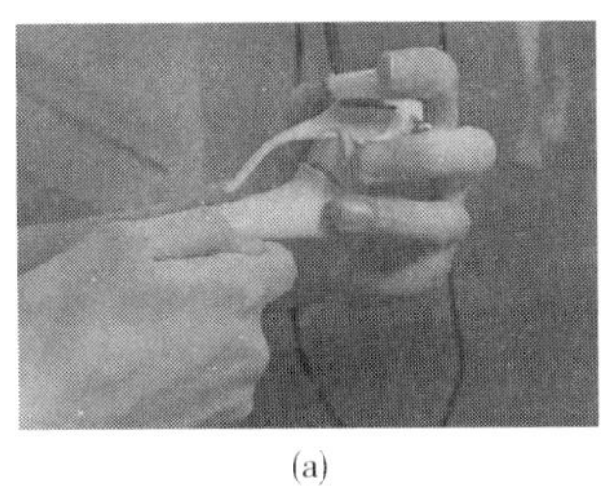
(a)

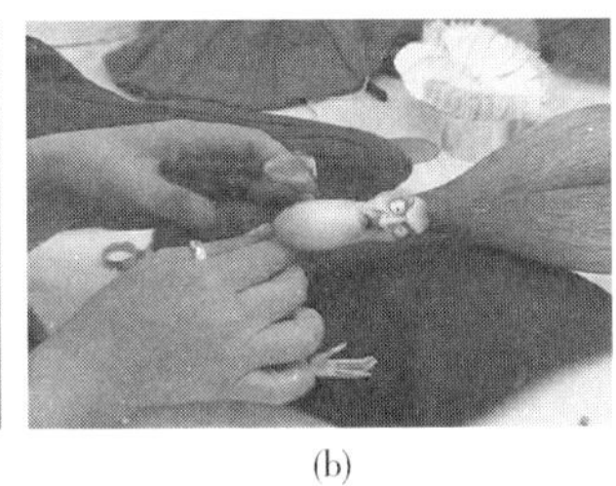
(b)

(c)

图3-44

为了模仿人们的真实生活空间,产生更逼真的视觉效果,阿德曼公司采用专业的照明模仿阳光、夜晚和白天,他们还利用彩色的纸渲染和模仿光影效果。电影中灯光布局分为三部分:主光、辅助光和效果光,主光的主要功能是照亮场景或角色,辅助光的主要功能是塑造角色或场景,调节摄影对象的光照比例平衡,突出对象的纹理,而效果光则起到调节图像组成和创造场景氛围的作用。在《神奇太空衣》中企鹅窃贼穿着神奇的太空服,准备半夜闯入博物馆偷一块钻石。整个过程黏土动画师巧妙地应用了各种光源和色调,非常完美地诠释了神秘的氛围。他们利用强烈的冷光源,渲染企鹅在月光下穿过狭窄的砾石街道的场景,使街道轮廓清晰、对比强烈,伴随着企鹅清脆的脚步声突显出粗糙的地面纹理,也衬托出镇上的宁静,这也暗示告诉我们即将发生一些危险的事情。但是当企鹅劫匪闯入博物馆后,黏土动画师又改变了光源,采用黄色暖光,将整个室内渲染得暖暖的;当偷取了钻石之后,他们再加上红灯的警铃,呈现出一种火热的色彩,与黄色暖光进行了强烈对比,这也激起了企鹅劫匪焦虑的心情,把整个情节引向高潮(图3-45)。

《超级无敌掌门狗》系列动画还设计了各种水的效果,不仅可以模仿一个悲伤的眼泪、咖啡杯、雨、泡沫等液体纹理材料,还可以模仿水、烟、火、爆炸、闪电、

(a)

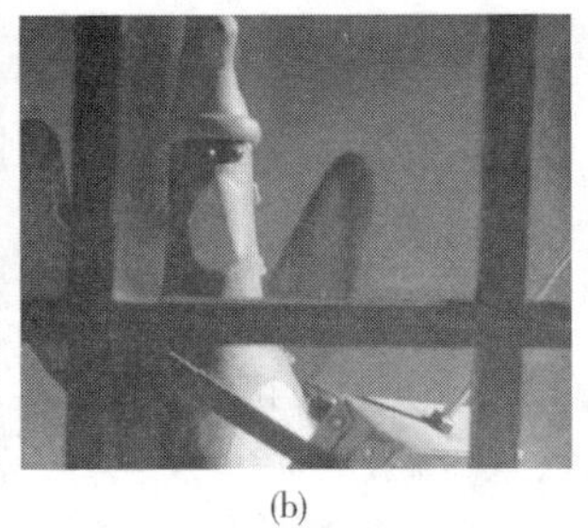
(b)

(c)

图 3-45

雪、雨等黏土动画效果。艺术家可以使用固体材料和胶体材料模仿甚至假冒水滴由透明树脂制成，由于水滴的作用，射击过程中会产生一系列不同形状的水滴，产生水滴缓慢流动的效果。喷泉或茶壶也是使用同样的方法。

综上所述，黏土动画是一种非常个性化的艺术表现形式，它具有很强的视觉效果，通过灯光、色彩等舞蹈效果充分展现出精致夸张在立体造型中的优势。导演通过镜头切换，放大空间感，加快电影节奏，展现了与计算机三维动画不同的另一种精致、真实的美。

人类对黏土的情感可以追溯到远古时期对土地与生命的崇拜。孕育万物的土地一直是艺术家用来表达自然、生命等象征性主题最佳的寄托，其自身所具有的意义已经作为一种文化符号存在并影响着人们的情感。“这种影响使得黏土在艺术表达力上给予人一种亲和、神秘、厚重的感受。使用黏土制作成的泥偶，不但在延展性和动作上有更高的灵活性和造型风格，同时体现出了那种笨拙质朴与神秘古典的艺术表现力。”[1]黏土动画一直是动画领域中的乐园，既可以满足人类天马行空的想象力，又能够达到一般动画做不到的淳朴质感。与大行其道的计算机动画相比，黏土动画给人一种安宁的隐士感觉，拥有计算机动画所不具备的真实感和存在感，观众也极易对动画角色产生认同。用黏土捏出一个模型，比画画更有原始的满足感，它们是拥有独特的自我视角的立体实物，可以借助灯光道具等工具模拟或塑造出一个不一样的世界，一个我们既熟

[1] 黄龙．论动画中的材料及其艺术表现力[D]．湖南：湖南师范大学，2007.

悉又陌生的另类真实世界。

计算机三维动画在现实表现上确实优于黏土动画。如今,当人们观看黏土动画时,他们不知道如何在电影中制作具有强烈模拟效果的图像。这充分说明了黏土动画与计算机三维动画之间的边界越来越小。随着技术的发展,黏土动画在场景设计和人物造型方面都能创造出与计算机动画一样逼真的效果,它也能给观众带来生动的视觉效果。黏土动画和手工艺品一样,强调简单的手工艺品质地。如果黏土动画开始模仿计算机动画完美流畅的效果,它将变得枯燥,失去其本质意义。

(2)角色多样化。黏土动画的人物造型设计是最重要的部分,也是整部电影中最困难的部分。变换姿态的作用是黏土动画的核心,也是保证制作和拍摄顺利进行的关键。黏土动画中的人物设计是对现实人物、动植物的再创造。动画师通过自身的审美修养和形体积累,对原始的静态形象进行提炼和加工,赋予人物以生动的血肉情感载体。

设计师必须保持一颗童心,拥有丰富的观察力、想象力和创造力。可以说,在黏土动画中,只有你无法想象的故事和人物,但没有你无法表达的人物。黏土动画给艺术家一个广阔的想象空间,是一种创造性的艺术。黏土动画创作者在观看生活原型和素材的过程中需要一定的积累,才能实现“质量”的突破。

①角色拟人。角色拟人是黏土动画人物创作中最常见的表达形式之一。所谓拟人化方法,是指赋予人丰富的思想、行为、欢乐、愤怒、悲伤等情感赋予生动的动物形象以人格,往往比主人公更受观众欢迎。拟人角色模型接近于自然和现实生活的原始形象。它虽然经过了概括、夸张、扭曲的处理,但其结构比例仍然比较严格,形象接近自然,给人一种现实感。人性化的动画人物是根据正常人或动物的面部和身体比例创造的,匹配的场景与现实世界相似。

以尼克·帕克制作的黏土动画造型为例,《超级无敌掌门狗》系列的主要角色造型,虽然对角色的手、表情等局部特征进行了幽默效果的夸张变形,但角色整体造型的风格仍然是比较写实的。阿高的构造从《月球旅行记》到《剃刀边缘》的制作过程中也经历了革命性的转变,变得更为丰满和立体化。阿高早期的眉毛要小得多,改造之后所占的比例更大,它的鼻子和眼睛的角度变大了,鼻子更粗更短,整个脸的轮廓更是像梨子一样的形状(图 3-46)。导演起初是让它成为一只用嘴来说话的狗,但这个主意没有实施,因为经过制作的尝试,阿高完全可以通过眼睛、耳朵以及眉毛的细微运动来与其他角色交流。同样在制作过程中,考虑到现实生活中狗的特征,阿高的模型也会有不一样的形态。可能在这个场景看到的是一只标准版的四腿站立的阿高,而在另外的场景里,它会被要求坐在沙发椅或者控制着火箭等更像是人的行为动作,在制作上就要求滚珠轴承的骨架关节的设计更接近人的骨架控制法。

(a)早期的阿高

(b)改变后的阿高

图 3-46

在《神奇太空衣》中出现的企鹅大盗,仿照真实企鹅的样子,有着瓶状的体型,蹒跚的步伐。但黑色皮肤演变成礼服,红色圆润的嘴唇,黑色小小的眼睛隐藏在皮肤中,如此可爱的外表,暂时麻痹了观者以往的视觉评价标准,令人猜不透这个人物的真实目的和想法,只能随着剧情的发展,才恍然大悟,惊觉这是隐藏的坏人。导演通过动作、灯光和配乐,把这个看似外表文雅实则隐藏着不良动机的企鹅塑造出来。在它刚来到华莱士家租房时就展示出对阿高的敌意,不仅霸道地占用了原属于阿高的房间,并用尽心思折磨它,如半夜放歌、占用浴室等。当企鹅发现机械裤的特殊功能时,更讨好华莱士挤兑阿高,使阿高伤心地离家出走,可谓是机关算尽。接着用鸡冠做伪装、用卷尺测量路线、控制机械裤去偷钻石,在影片中最后逃跑时用枪射杀阿高则更流露出其凶狠的一面。这样精细、周全、谨慎的策划无不展示出一个大盗为得到财宝不择手段的特征,这样根据剧情的行为塑造方式已经非常拟人化(图 3-47)。

《小鸡快跑》不得不说是影院黏土动画长片中的杰作,动画中的公鸡、母鸡们被这群心灵手巧的动画大师形象地创造出来,虽然是用塑料、黏土和硅片制作的,但却活灵活现、丰富有趣。大身子,小短腿,加上演变成手的翅膀,这些黏土小鸡看起来更具备人的形态。美国鸡洛奇有着演员般华丽的羽毛和外表,主角英国鸡金婕有着坚毅的眼神窈窕的身材,老飞行员鸡福罗残留着空军的着装,老鼠小贩尼克和则是破旧西装加身,此外像豪放鸡邦迪、眼睛鸡麦克、度假鸡巴波斯等都根据每一只鸡的特色而塑造外形。多样的角色设计对故事内容的推进有着积极的作用,在获得票房成功以后更得到了市场的认可(图 3-48)。《小鸡快跑》迅速在全球范围内掀起了一股热潮,相应地小鸡周边产品紧跟着推出,每一个小鸡角色都有独有的毛绒公仔,还有带有小鸡形象的语音电子钥匙链,厨房餐具和其他用具,短袖、睡衣、拖鞋这些日常服装,大大小小的床上用品等都有小鸡角色的印花,小鸡形象几乎无处不在。其中最流行的自然是男主角洛基,洛基的形象被设计者利用起来制作成组装玩具,这款周边广受孩子们欢迎,只需集齐所有的配件就可以组

图 3-47

图 3-48

装成一个会飞的洛基。

《小羊肖恩》系列动画片尽管不是由尼克·帕克亲自执导,但最开始是来自他的创意。这一形象最先出现在获得奥斯卡动画短片奖的"超级无敌掌门狗"系列短片的《剃刀边缘》里。在这部影片中华莱士发明了一部自动编织机,把小羊的毛剃光并飞速织成了一件毛衣,小羊也因此被叫作"肖恩",在英文中是"剃光"的意思。肖恩有着比其他羊更瘦小的身躯,黑色的皮肤,独特的羊毛帽子,眼神尤其灵动,是介于儿童与青春期之间的小男孩的狡黠眼神。虽然机智勇敢却是个超级的好奇宝宝,对任何新奇的物品都乐于尝试,会让周围的一切陷入混乱中,又会将所有混乱归于平静。《小羊肖恩》中比兹牧羊犬是片中另一个主要角色,有着黄色的皮肤,小小的眼睛,大大的黑色鼻头,总是带着手表,看管羊群是它的职责,口哨是主人给它的权利,喜欢悠然自得地喝茶,听摇滚音乐,总是在照料农场的间隙里,享受着属于自己的一点点安宁(图 3-49)。

(a)

(b)

图 3-49

黏土动画影片中的动物形象,都遵照着现实状态进行外形上的设计,或是加入仿人类形态的变形,虽然没有语言,但是却无时无刻不在演绎着人类的生活状态。这样的一种错位的拟人化的结合,没有迪士尼动画那样的夸张,却更有一种让人忍俊不禁的质朴的喜感存在着。

②角色符号化。角色符号化是角色造型中设计者对形象经过高度概括后提炼的造型。设计者把握住角色最本质的特点,排除掉许多次要的细节,对形

象进行变形和夸张，因此造型与原本状态距离较大，甚至近乎抽象，变化为标志与符号。

华莱士最初在《月球野餐记》中登场时，平时他不说话时，面部表情较为平淡，但一旦说话，他的脸颊就会鼓起来，他的眉毛就变大。那时的人物形象称不上美观，只是在原有骨架的基础上，填充好了黏土而已。秃秃小小的头顶，又大又圆的眼睛，大大的下巴加上宽宽的门牙，笑起来嘴角咧到耳根，头小而身大，手部的比例夸大，一派乐观朴实、憨厚可爱的模样。这是在《神奇太空衣》中出现的华莱士的形象描述，导演将他的脸颊变得更丰满，当他说到有“ee”发声的词语时，嘴巴就会向两边扩张，例如“cheese”，这也会让他看起来在微笑（图 3-50）。华莱士是个亲切和善的人，还有点过分乐观，他喜欢搞发明，虽然不是回回都成功，订阅的报纸有早报、午报和晚报，定期阅读的杂志是《奶酪月刊》和《野餐指南》，最常发出的声音和常说的口头语是：“咯咯”和“阿高，帮忙啊！”他喜欢的是啜饮一杯不错的茶，或者发生特殊情况的时候来杯波尔多红葡萄酒定定神。结合华莱士喜爱奶酪的特色，导演将这种露出牙齿，微笑的表情扩展成为自己风格特征并应用在其他的人物形象身上。

(a)最初的华莱士

(a)改变后的华莱士

图 3-50

在《剃刀边缘》中的女性角色温道林被称为女版的“华莱士”，这是此系列片中出现的第一位女性角色，棕红色的头发，又大又圆的眼睛，大大的下巴加上宽宽的门牙，与华莱士一样笑起来嘴角咧到耳根，庄重的衣着打扮，谦逊的言语

图 3-51

展现出典型的英国淑女的风貌(图 3-51)。在《小鸡快跑》中的敦蒂夫人有着皱起的眉头、下弯的嘴角、凶恶的眼神,十足一副恶人的外形特征。敦蒂先生圆圆的脸、圆圆的鼻子和眼睛配合浑圆身体,球型的组合带给人蠢笨的感觉。而在《人兔的诅咒》中,"华莱士"的外形特征已经成为导演风格的标志性体现,那些长相形态各异的村民却有着如出一辙的标准大眼球,形成了独特的"符号化"的语言(图 3-52)。

图 3-52

《小羊肖恩》中刚刚诞生的雏鸡形象,符合设计者对现实中小鸡形象提炼改造的符号化过程,影片当中的小雏鸡只有毛茸茸的身体和一只小巧的嘴巴,但是却恰恰把握住了最本质的形象要素,不仅让观众一眼辨识,而且更突显了它的可爱(图 3-53)。这种独具特色的形象大多数情况下来自设计者的灵光一现,具有结构简单、形象独特、概括度和浓缩度高的特点,所以也给后期动画的绘制带来很大便利,更加经济。这种符号化形象是一种抽象的创造,摆脱了传统思维画面,能够营造出理想的喜剧效果,在艺术片和儿童片题材制作中非常适合,但是在其他题材上也造成了局限。

图 3-53

“符号化”的形成对导演作品的成长和成熟有着更多的推动作用,从 1989 年到 2009 年,二十年中同一系列作品四次问鼎奥斯卡金像奖且从未空手而归,这在奥斯卡最佳动画片奖的历史上是绝无仅有的。华莱士和阿高这两个黏土动画里的主角,在英国受欢迎的程度绝对不在米老鼠和唐老鸭之下,这与导演孜孜不倦的个人努力和慧眼识英雄的阿德曼公司和梦工厂的支持密不可分的,尼克・帕克用了近 20 年的时间才实现了华莱士和阿高的大银幕之梦。

③角色夸张化。角色夸张化是黏土动画角色造型创作中最基本的表现方法,也是角色设计通常采用的方法。这种方法区别于写实地反映客观事物的外在形象,而是基于客观事物的现实存在,加之动画设计者发挥自己天马行空的想象力,并根据作品内容需要,将各种人物、动物或其他事物的基本特征运用变形、抽象、夸张的方式表达出来,这样的表现手法能够对角色形象的特点起到突出强调的作用,达到一种生动形象、活灵活现、幽默有趣的效果。此外,通过夸张还能够完成对动画形象内在意义的强化和升华,将内涵外现化。站在动画角色的创作效果角度上,变形是属于夸张的一种表现形式,但二者还是有一些区别。夸张是以其物象原型为基础进行外在的直观的延伸、变化、增减,赋予其代表性特征并强调变形,经过创作者主观分析后将一个客观事物用艺术手段改变其原来形状,得到一个新的艺术形象,这个对象和它本体物象的外形有显著区别,是创作出的新形象。通过变形,可以使得角色的形象更富有特点,个性更加鲜明,形象更生动,造型更具有新颖感,能够给观众留下深刻的印象。

夸张和变形不受时间、空间、思维和审美方式的限制和约束,使黏土动画角色设计趋于幽默的独特语言形式，更加强化角色的艺术感染力。黏土这种材质在塑造角色形象方面有很大的自由度和灵活性，使角色的夸张和变形达到最大化。

黏土动画在对动画角色的刻画上表现出色，至今，许多黏土角色造型足够让人过目不忘。比如，在几代美国人的心中，“冈比”一直是一个特殊的存在，因此“冈比”这一经典黏土动画形象占据了玩具市场的潮流长达几十年之久。在英国，华莱士和阿高被英国官方的旅游指南推荐为“不可不认识的英国人”。黏土造型的手工制作触动观众对回归自然、返璞归真的内心渴望，相较高科技的计算机三维动画形象而言，更能引起人们对角色的回味和深思。这些黏土角色造型的流行，不但体现着黏土动画的发展趋势，而且也推动了动画业整体的发展，具有深厚的文化感染力。

(3)故事情节化。黏土动画是一种集中了文学、绘画、音乐、摄影、电影等多种艺术特征与一体的综合艺术表现。世界著名的黏土定格动画公司阿德曼动画公司创始人之一彼得·罗德曾说过：“对于一部影片来说，最重要的身份是导演与编剧，技术仍旧是次于故事及表演。”例如《超级无敌掌门狗》成功，不仅仅是华莱士和阿高经典形象的设定，而且他们经典的“好莱坞式情节”也同样炫动着观众们的心。作为儿童和成人的观赏动画，情节紧促、悬念丛生、激烈的追逐打斗场面，使得动画一经推出便口碑极佳，也使华莱士和阿高成为英国家喻户晓的明星[1]。美国动画则以迪士尼为代表，迪士尼的动画风格非常符合普通大众的审美，动作夸张、表情丰富、故事曲折而生动有趣，人物性格风趣幽默，搭配优美动听的音乐，引人入胜，特别注重细节的刻画，做到了雅俗共赏。而好莱坞式情节结构使故事脉络清楚，免除了观众耗费心思去分析故事内容和各种隐藏内涵，以大团圆结局努力迎合广大观众内心对美好幸福的追求。

李显杰在《电影叙事学：理论与实例》一书中指出：“以时间线索上的顺序发展为主导，以事件的因果关系为叙述动力，追求情节结构上的环环相扣和完整

[1] 苍懋楠．黏土定格动画的视觉语言研究[D]．西安：西安理工大学，2009.

圆满的故事结局,遵循着开端—发展—高潮—结局的戏剧性结构模式惯例。”❶黏土动画大师们导演的黏土动画中,无论长片还是短片都遵循这一结构,虽然与多数影院动画一样,但相对单一封闭的结构模式并不意味着故事情节的雷同。他们发挥了黏土定格动画拍摄形式与电影拍摄形式相似的优势,避开二维与三维动画中剪辑上的局限来讲诉一个好故事。创作者通过创造性的思维找到故事的起点和终点,将其连接成线,并将精心筛选的情节段落嵌入其中,完成一个比较完美的叙事结构。

①悬念式开端。悬念是指人们紧张期待的一种心理。《电影艺术辞典》的解释是:“悬念,处理情节结构的手法之一。利用观众关切故事发展和人物命运的紧张心情,在剧作中所设置得悬而未决的矛盾现象。”❷《影视剧作元素与技巧》的介绍是:“悬念是所有叙事最重要的元素之一,它是指在叙事(剧情)中的某些‘悬而未决’的戏剧性因素,这些因素能使接受者因好奇、焦虑、不安或同情而产生对叙事的以后部分的期待心理。”❸这是在电影叙事中常用的手法,在动画影片也不例外,高明的悬念设置不仅是刺激观赏欲望的有效手段,更能让叙事更具情趣、带给观众独特的审美体验。

在《神奇太空衣》中,开端部分交代的时间延长并且饱满,导演交代了太空裤的用途是为爱犬庆祝生日,由此而产生了账单,需要外租房屋,但是进来的企鹅房客行为怪异,处处与阿高作对。在这里种种作对的行为已经为观众设下了小悬念,促使企鹅随后的行为动机会被猜测。当阿高被逼走而企鹅对着机械裤做手脚的时候,更大的悬念也已经被设定好了。在《剃刀边缘》中悬念设置得更加提前,一开场就埋下了伏笔。偷羊的凶犯已经出场,并留下了与主人公有继续接触的可能,使主人公已经处在危机中,接下来的情节就是需要演绎华莱士和阿高如何掉入了敌人的包围圈中难以解脱。小羊肖恩是贯穿整部影片的关键性的人物,它在影片开场的时候给影片中的主人公制造了小小的悬念,造成

---

❶ 李显杰. 电影叙事学:理论与实例[M]. 北京:中国电影出版社,2000.

❷ 李建强. 影视动画艺术鉴赏[M]. 上海:复旦大学出版社,2008.

❸ 周涌. 影视剧作元素与技巧[M]. 北京:中国广播电视出版社,1996.

了戏外大悬念套剧中小悬念的诙谐的喜剧效果。这种悬念式的开端依然贯穿在 2008 年最新的《面包和死亡事件》影片中,在影片的开始就上演了一场谋杀事件,将影片的氛围笼罩在恐惧之下,惴惴不安的观众开始关心着华莱士与阿高的一举一动,当观众通过阿高的侦查看到了凶手时,不禁为被蒙在鼓中的华莱士捏着一把汗,观众紧张期盼的心情就被完全调动起来,积极地投入到影片中。

一般来说,“悬念式”开端运用在短片中能够让观众迅速进入情节,在开端部分,不仅要将时间、地点、人物、事件起因等叙事的基本条件清楚地说明和介绍出来,还应当有一个分悬念将情节推动发展。《小鸡快跑》的开端介绍了母鸡们生活的地点和环境,促使它们逃跑的原因,以及屡战屡败的现状,就在众鸡们万念俱灰的时刻,美国鸡洛奇打破了几乎停滞的剧情,此时观众注意力也将集中在这个能够带来怎样的事态发展的悬念制造者身上。《人兔的诅咒》的开端,导演用相片巧妙地介绍了主人公华莱士和阿高的关系,用滑稽的手法讲述了他们深夜抓捕害虫的行为,交代了故事的背景。接下来导演通过声音与影像塑造处置泛滥的兔子的方式,突然出现的人兔怪物与华莱士的实验失误有何关联?人兔怪物到底是谁变成的?连环的悬念设置推动着剧情的发展,一波未平一波又起,激发着观者逐渐来“解扣”,最后推出高潮,揭示结果的紧迫心情。

②曲折的情节。在悉德·菲尔德看来,剧情的发展分为建置、对抗与结局三幕。所有剧作在开端和对抗之间以及对抗和结局之间都存在一个情节点。他说:“所谓情节点就是一个事变或事件,它紧紧植入故事之中,并把故事转向另一方向”。在开端提供的最初推动力逐渐减弱之时,情节点为整个故事叙述的继续提供新的戏剧动机。情节点可以是事变或事件的发生,也可以是某一或某些人物的出现。亚里士多德就把一桩影响了主角的生活并使剧情走向新的发展途径的一桩事件的突然发生称为“转变”。而将像出乎意料地碰到一位朋

友或敌人这样因人物的出现而转变剧情的方式称为“机遇”。❶

《神奇太空衣》中紧张的情节牢牢地抓住观众的心，剧中华莱士将太空裤送给阿高做生日礼物，却被住进来的陌生房客企鹅改造成控制华莱士的工具，阿高跟踪企鹅，发现了真相。阿高告诉华莱士他却不相信，使自己处在危机当中。企鹅控制着华莱士穿上太空裤去偷钻石，却被警报发现，准备逃跑的时候与阿高发生争执，一场火车追逐战就此拉开。这简直不是一部动画片，而是将悬念片、警匪片、喜剧片大融合的一部动画版的西部片《火车打劫案》(图3-54)。

图3-54

2008年的《面包和死亡事件》一样都是将悬念、爱情、动作与喜剧融合在一起的杰作。全片讲的是一个案件，广告美女因为自己吃胖走形的身材色诱全城面包师，并希望把他们全部杀死。阿高惊觉派拉女士就是隐藏的杀手，华莱士却与派拉女士深陷热恋中，派拉女士假装亲近离间华莱士与阿高的关系，由此对华莱士展开谋杀行动，阿高为了解救主人和小弗一起与派拉女士展开激烈的战斗(图3-55)。影片中的人物性格、场景、道具、对白等都生动地再现了英国的家庭日常生活，充满着熟悉的英式家庭味道，同时惊险、恐怖、打斗、追逐所有类型所应具备的因素它应有尽有，加上黏土制作的淳朴风格带给观众强烈的视觉新鲜感。

《小鸡快跑》是一部母鸡版的“胜利大逃亡”，也是一部集聚了好莱坞电影中所有的元素和套路的最好证明。鸡场女主人就像是纳粹军官，蹬着一双高跟靴子、趾高气扬的样子，铁丝网里的母鸡们就像是监狱里的犯人，鸡场活脱脱就

❶ 周涌．影视剧作元素与技巧[M]．北京：中国广播电视出版社，1996.

(a)

(b)

(c)

图 3-55

图 3-56

是一个监狱,每天例行查蛋的场面就像监狱长的早点名(图 3-56)。“美式卡通”元素在《小鸡快跑》里似乎也得到了全套的继承,落难的美国鸡自天而降,救女不成反被救,两个插科打诨的小老鼠动不动前来捣乱,使得影片中经常出现各种意外。飞翔机器经历九九八十一难终于飞向天空,就当观众为其鼓掌时,新的一轮灾难再次到来——敦蒂夫人的斧子砍向母鸡金婕的头时,无疑把情节推向另一个高潮,众鸡们目光凝滞的眼神,紧紧揪着观众们的心。尽管这种利用噱头和悬念来吸引观众的方式有些俗套,但确实达到了很好的效果。

《人兔的诅咒》中要举行蔬菜评比大赛的小镇遭受兔患,华莱士和阿高开了一家除害虫公司,自然要为小镇居民服务,因为失误出现了兔怪。阿高追查兔怪却发现竟是华莱士变得,这个真相被猎人维克多发现,猎人维克多要猎杀变成兔怪的华莱士,在托丁顿女士的保护下兔怪逃跑。阿高为了解救华莱士与猎人展开了激烈的斗争。我们发现《人兔的诅咒》创意的故事和情节让人不禁觉得其实是一部地地道道的美国类型电影,影片中出现大量刺激的打斗和对决场面。导演尼克·帕克将该片定位为关于蔬菜的惊悚电影,这部作品确实是这样展现的,影片依旧是“掌门狗”阿高英勇救助华莱士。然而导演在故事叙述中融入了《月夜人狼》与《科学怪人》等类型电影恐怖片中的经典桥段,创造出了符合儿童对恐怖片观影心理适度的“蔬菜恐怖片”。热衷发明创造的主角华莱士和“科学怪人”制造的邪恶机械装置紧密相关,满身刀疤伤痕的弗兰肯斯坦结合试管婴儿变成了“洗脑机”。华莱士见到满月就变怪物如“人狼”的传说如出一辙,这是无数好莱坞恐怖片的模式,但这次变成了“人兔”,而作为“科学怪人”的侍从“地狱之犬”也变成了呆萌可爱的“掌门狗”阿高。一部喜剧片中同时糅合了恐怖片和侦探片,不仅有必备的追逐、打斗的场景元素,还通过模仿向经典影片中的怪物形象致敬,影片末尾“人兔”把女主角抓上教堂楼顶,在月光下疯狂地捶打自己胸膛的场景和《金刚》中的情景是极其相似的(图3-57)。此外包括片名的画面和出场形式都与传统恐怖片的复古模式相一致。这种融会贯通的模式,不仅扩展了恐怖片的观影感受,而且少儿同样适宜,加之以独特的黏土动画形象,这种内容丰富且表达形式独特的影片有充足的理由受到观众的广泛欢迎。

图3-57

《剃刀边缘》中小羊肖恩的入侵打破了华莱士和阿高平静的生活,敌人设计了圈套,用美人计迷住了华莱士,阿高为了发现真相又被陷害,华莱士组织羊群解救阿高的过程中发现了敌人,为解救美女和机器恶狗展开了激烈的斗争。《圣诞夜惊魂》(图3-58)和《僵尸新娘》(图3-59)创造出的理想空间,配备以贴切的背景音乐,将新颖的画面表现与节奏生动的音乐相结合。蒂姆·伯顿擅长运用巧妙的方式使黏土定格动画的动作画面语言优势表现出来,即百老汇音乐剧的模式中融合进哥特式画风,同时剧情节奏紧张、感染性强。

图 3-58

图 3-59

在电影中,不但故事结局吸引着观众的兴趣,故事的发展过程也是一个重要的关注点。成功的故事应该跌宕起伏、曲曲折折,能够给观众带来情绪上的精彩体验。“因期待引发的兴趣也可能因故事中的事件都在预料之中而减弱。要想保持观众的兴趣,还需要给他们一定数量的意外——这就是惊奇理论。”❶黏土动画师门在黏土作品中就非常巧妙地运用了多个“转变”与“机遇”来使得剧情跌宕起伏、惊喜连连。

③大团圆结局。大团圆结局满足了人们渴望过和平圆满生活的愿望,使故事脉络清楚,不需要观众费太多心思去苦苦思索。这一表达方法与法国叙事学家托多罗夫对多数叙事的线性特征的研究是相符的,叙事以某种形式平衡的状态开始,接着平衡被打破,最后重新恢复到平衡状态。

好莱坞这座闻名于世的梦幻工厂创造着一个个白日梦,而梦中一个个成功的英雄、英勇的帝王、驾驭的主宰……正是满足了观众的审美幻觉,满足了观众视野中的自我为中心,成为假想世界的主宰者的期待。在“超级无敌掌门狗”系列片中,主人公的平静生活总是被突如其来的意外而打破,并且这些意外都与机械有关——在华莱士大喊“救命”的危急关头,阿高勇猛出击,暗中追踪,查明

❶ 威廉·米勒. 影视叙事结构[J]. 邹韶军,译. 电影文学,2000(2):67-69.

了真相——在危机时刻经过紧张激烈的追逐取得了胜利——最终华莱士终于可以舒心地坐在沙发上吃奶酪，一切恢复往常。电影艺术带给观者是一种舒缓情绪的作用，在电影故事刻意营造的紧张情绪的带动下，观者的思绪能够暂时跳脱出现实世界各种问题产生的烦闷情绪，而随着影片中英雄的出现及成长，危机逐步的解除，一切逐渐平复下来，观众的负面情绪被消解，内心渴求获得了安抚，从而继续积极地面对现实世界。

《小鸡快跑》的开始就将母鸡们逃离鸡舍的愿望通过一次一次的失败，激起观者的同情并逐渐地被认同，然而梦想在实现的过程中遇到了种种波折，让人开始失去信心。公鸡的意外降临又重燃希望之火，然而逐步地发现这只是个假象，带来的是更严重的挫败，在万念俱灰的状况下，如何的走出困境？观者的期待与影片主人公的期许高度一致，自我的救赎和英雄的相助合二为一，奇迹的出现才带来了更大的欢愉。通过鸡的行动戏仿了美国的历史，将美国人引以为傲的移民史进行了高调的宣扬，在最后安心浪漫的桃园生活中，大团圆的结局模式恢复了世界的平衡，平复了所有心绪。可见，这种在戏里戏外相呼应的叙述格局使观众与剧情之间产生越来越强的“融合”效果，使观众对所看到的一切始终保持一种期许、渴望、同情的观赏态度，并由此来深化观众对影片主题的理解。

④哑剧表演艺术。哑剧的历史悠久，源远流长，早在18世纪就成为英国最风行的戏剧形式。“哑剧”一词源出于希腊语，意思是“模仿者”。一般人都称哑剧是“以肢体动作取代语言”的戏剧形式，是一种形象的、可视的、抽象的沟通和表达方式。哑剧艺术被誉为“无言的诗人”，不但要具备表演的基础、舞蹈的功底、完美的形体，而且需要深厚的文学涵养。

哑剧与喜剧结合密切，在动作表情上的无限制的模仿和夸张，带着强烈的娱乐观感。哑剧艺术在变化发展着，早在20世纪初，著名的英国喜剧大师查理·卓别林用哑剧的表演形式在无声电影时代创造了奇迹，并荣获美国好莱坞的奥斯卡终身成就奖，称他“在20世纪为电影艺术做出不可估量的贡献”。再如英国著名电视喜剧大师憨豆先生，他通过哑剧表演形式创造了一种英国式的无厘头，内敛式的幽默，充满着平儿的惊奇和对生活情趣的触觉，已冲破语言障碍,成为卓别林之后的幽默大师,使英式的幽默举世闻名。

“超级无敌掌门狗”系列中有众多角色形象,而实际上“掌门狗”阿高是所有故事中的主角,阿高敏感、智慧、机灵。它的肢体语言非常丰富,会坐在沙发上织毛衣、读报纸,爱听巴赫,精通电子设备,喜欢和华莱士一起饮茶,随身的物品有闹钟、爱吃的骨头,以及镶在镜框中的与华莱士的合影照片。导演尼克·帕克在宣传《人兔的诅咒》接受采访的时候曾表达过,他尝试过给阿高配以声音的表达,但是在第一部影片中实践时发现通过阿高眉弓的动态表达更能收获生动的效果。

在“超级无敌掌门狗”系列片中,阿高虽然形象是条狗,实际上却同一名英雄般呵护着华莱士,除了照顾主人的饮食起居外还担负起解救主人的重任。片中这个角色没有台词,甚至连嘴都没有,完全靠灵活的眉弓,狡黠的眼神等面部表情来传情达意。虽然没有言语,却有着丰富的表情,无奈、惊恐、不屑一顾、疑惑、担心等展示出丰富的心理活动。在《月球野餐记》中,当华莱士开始在地下室造飞船的时候,阿高在客厅沙发上跷着腿看《小狗电子学》,当被命令当苦力的时候,它先看了一眼主人,然后皱起眉头无望的向前看,然后再低头默认,只是单单的眼神动作就将作为仆人的那种无奈之情体现出来。在飞船飞行的空闲,它拿出了纸牌自由自在的玩着,是只懂得自娱自乐的狗。在《神奇太空裤》中,当它收到华莱士送的生日贺卡的时候又不好意思表达出来,就一边观察着华莱士的语言,一边用报纸掩饰自己的心情;当听到华莱士说到礼物的时候,吃惊地睁大眼睛,竖起耳朵;当看到狗项圈的时候,眉弓一高一低地皱着,眼睛看着观众,表达着它的不可思议;当看到庞大的礼物恐怖的朝向自己走来时,紧贴在墙上,耳朵竖起,吓得退都软了,无助地后退着(图 3-60)。

尼克·帕克导演在人物动作表演上下足了功夫,有人这样评价:“我们丝毫感觉不到由于材质局限所带来的泥偶角色动作的不连贯性,恰恰相反,无论是摄影机运动还是‘演员’表演,都是一气呵成,完美无缺。”[1]基于现实生活中只

[1] 薛燕平 . 世界动画电影大师[M]. 北京:中国传媒大学出版社,2006.

(a)

(b)

(c)

图 3-60

有人类才说话的事实,在所有剧中的"非人类"角色都在导演的安排下通过动作表达自己的思想和情感,借鉴了哑剧这一古老的表演形式,达到了非凡的效果,特别在《超级无敌掌门狗》系列中的"掌门狗"阿高博得了所有观众的喜爱,而它身上集合了更多低调的幽默。

在 2007 年尼克·帕克所在的英国阿德曼动画公司制作出了系列动画片《小羊肖恩》,取材于《剃刀边缘》剧中的配角小羊肖恩,讲述在小羊肖恩的带领下的羊群在农场悠闲生活的搞笑黏土动画。这部动画剧的一大特色就是剧中所有角色都没有台词,完全是哑剧表演,摒弃声音对人的过多干扰后,剧中肖恩所有动脑筋的、高兴的、忧伤的、无奈的表情都出自眼睛,完全靠表情来传情达意。

尼克·帕克将这种"此时无声胜有声"的艺术表现形式引入动画影片中,风趣、幽默的动作;细腻、逼真的表情;生动、活泼的形象是其动画片成功的关键。哑剧艺术还原了动画表演的本质,丰富了幽默方式的传达,在这一部部黏土动画片中的各个角色每一次的动作设计都是一次真正的创作。从骨架构建开始,设计师就已经开始了对角色生命的思考,一个完整的角色本身就被设计师注入了特定的情绪和思维。虽然对动画师来说是很大的挑战,但在一定程度上来说,这种通过表情和动作的人与人之间的交流方式,更接近真实生活,也拉近了观者与剧中人物之间的距离,感觉它们就是我们身边的一员。

3.2.2 其他黏土造型的艺术语言

3.2.2.1 泥塑的发展现状

当今人们的生活质量越来越高,对新旧事物的思考,那些原有的、当地的和平常的事物经常会被忽视,失去重视度而逐渐被淘汰。然而恰恰是这些我们不以为意的事物,蕴含着中华民族的审美内涵和艺术创造力,积淀为渊远历史的珍宝。泥塑的发展历程与整个人类历史进程的发展是相契合的。自 20 世纪 50 年代以来,传统泥塑的创作逐步发展到了新阶段,呈现出万彩纷呈的局面。而在我国北方黄河流域还传承着一种经典的民间传统技艺,像泥塑、面人的乡土艺术与其他技艺相比更简单、随意,如此一来,为普通百姓发挥想象力和创造力提供了途径。现在人们看到造型精美、色彩艳丽的泥塑、面人作品,不仅惊撼于民间艺术作品的奇妙,更多地感动于这些老旧物件在民俗生活中承载的祈福纳祥的美好愿望和追求,以及情系家庭的浓浓爱意。时至今日,它们依然存在于民间,成为人们表达内心对生活祝福的方式。

2008 年,天津泥人张最先被纳入非物质文化遗产保护对象的行列。悠久的发展历史,使它的身上也记载了中华民族的历史文化和中国历史的发展,每一个作品都承载着中华民族特有的精神内涵、价值观念、文化基因、思想理念等,彰显着中国古老文化的奇特艺术魅力和重要价值。泥人张彩塑艺术是中华传统民间技艺的宝藏,对泥人张的继承和发展有其必要性和紧迫性。

发展至今的泥人张不但在彩塑的造型上种类多样,而且渐渐地将时代和社会生活的发展变迁融入其中。另外,现代科学技术水平的不断提高也给泥人张的创作提供了许多技巧方面的支持。传承至第五代,这门技艺改变了传统的继承方式,不再死板地遵守着传亲缘后辈的规矩,而是设立专业培训班,让更多的爱好者有机会学习,大大扩展了彩塑艺术的传播,促使其更进一步发展。泥人张第六代传人张宇创设了“天津市泥人张世家绘塑老作坊”,创作彩塑作品与对外销售并举,艺术创作和经济支撑得到了同步发展。然而,在实际中的传承工作却也遇到了许多问题,例如传承风格一致性,泥人张商标遭侵权等。但是,泥人张的传承整体还是呈现积极的发展趋势。

纵观当下,泥人张彩塑技艺由于面向广大艺术工作者开放,改变了传嫡亲后代的狭隘性,为生产规模、作品种类、作品创新和发展速度带来了很大提升。艺术源于生活,泥人张同样如此。随着时代和生活水平的不断发展,泥人张彩塑也面临着许多新的要求，自身风格与时代特色需相结合；民族特色与国际传播需相结合。另外，科技也在不断发展，新的材料和技术也为泥人张彩塑开拓创新提供了条件。将现代化科技与彩塑传统技艺完美结合，充分利用现代化手段保护、继承和发展泥人张彩塑艺术，是泥人张在新时代面临的新挑战。

中华人民共和国成立之后是惠山泥塑焕然一新的发展时期，不仅恢复了原来倒闭或毁坏的作坊，还将泥塑作坊的数量从一百多家扩展到了近三百家，作坊的经营模式也由先前的独立分散变为联合共办。成立了合作社后，作坊主要制作各种粗细货和戏剧脸谱，同时还对作品进行了创新，融合了现代生活的内容，作品甚至远销到了国外。老话曾说“旺季添行头，淡季当当头”，而现如今的惠山泥塑春夏秋冬都是旺季，因此供货情况十分紧张。因为在国内、国际市场上每年都有百万的畅销生产量，即使行业规模不断扩大，但是也依然无法满足市场的需求。这一时期的作品种类繁多，在原有的传统风格上进行大胆创新，关注当下的流行元素，作品造型逐渐卡通化，现代趣味性更强。惠山泥塑也被看作东方艺术的象征之一。

近些年来，政府和社会各界高度重视民间传统风俗文化艺术的发展，惠山泥人因此得到了一个良好的发展契机。2006 年 3 月，无锡颁布了《无锡惠山泥人传承扶持方法》，于 2007 年 1 月起正式实行。文件中明确规定惠山泥人传承人的确定方法、传承艺徒的前提条件、传承的体制机制、基本教学内容、经费来源与保障等各方面内容，面向全社会公开招聘泥塑学徒，并且以签订合同的形式传承技艺，聘请闻名遐迩的柳成荫、王南仙、喻湘涟这三位惠山泥塑大师向学徒传授粗货、细货、彩绘等各类泥塑的制作技巧和方法[1]。

从 1995 年开始，社会各界开始注重对惠山泥塑的理论研究。东南大学中国民间艺术研究所、中国台湾《汉声》杂志邀请惠山泥人国家级工艺美术大师喻湘涟、王南仙合作，遵循“仿做承旧”的目标，最大程度上还原了传统中的惠山泥人作品。历时 8 年终于完成，将惠山泥塑的珍贵技艺用以理论的形式记录下来

[1] 张道一．工艺美术研究[M]．江苏：江苏美术出版社，1988.

编纂成《惠山泥人》丛书[1],其中包括3000多道工序和24种重要步骤的整理、归纳和汇总。2003年10月,台北历史博物馆举办了惠山泥塑艺术展览,获得了巨大反响,这次展览用中华传统民间艺术的形式将海峡两岸同胞紧密联系在一起,泥塑艺术也在此承载了新的历史意义和价值。2005年1月,北京中华世纪坛进行惠山泥展,这次泥人艺术展览在举办的规模上达到了空前的盛况。2006年5月,惠山泥塑又获得了更进一步的发展,国务院批准其列入第一批国家级非物质文化遗产保护名录。2007年6月,文化部确定王南仙、喻湘涟为惠山泥塑文化遗产项目的代表性传承人[2]。

现代科技化对人们的生活方式和思想文化层面带来了巨大的改变,人们对朴实厚重的传统民间艺术品的青睐也逐渐减少,蕴含着美好祈福祝愿的惠山泥塑也逐渐远离了人们的现代生活。出于这一艰难现状的压力,将传统泥塑要素与现代设计审美巧妙地相融合,是泥塑艺术获得新生的一个突破口和行之有效的路径。最为流行的一种方法即通过模拟原态直接应用,选取泥塑作品中的经典元素——绘制纹样作为装饰,应用于各种平面设计品中。例如,经常采取的元素有:凤翔泥塑——"挂面虎",它的眼睛部位的太阳纹、眉毛部位的双鱼纹、躯干部位的牡丹纹、泥泥狗"独角兽"泥塑中绘制的叶纹、菱纹、女阴图等装饰图案。他们会采用组合变化的方式,创意布局,使得设计既有现代化形式又有浓郁独特的民族风格韵味。这种现代与传统结合的方式连接的是时代与时代之间的内涵,在现代各种产品或宣传画中见到泥塑元素,直接可以勾起对传统艺术的崇敬与回味。如恒源祥集团彩羊系列品牌,生动巧妙地表现了富贵吉祥的品牌理念——以泥塑大师胡新民创作的"泥塑羊"的立体造型以及原始色彩做平面化形象处理,应用于品牌商标中。

时代的发展促使泥塑最初存在的功能逐渐发生变化,但原本所蕴含的美好内涵还是应该保留。泥塑越来越多地成为一种元素或者风格加入现代化设计

---

[1] 李松.惠山泥塑的沿革[J].美术研究,1959(4):59-62.

[2] 王佳.惠山泥塑起源和发展的成因[J].美与时代(上),2011(2):34-37.

中,这是市场经济带来的结果,也是泥塑文化适应时代的生命力体现。立体泥塑造型经过变形重组成为平面化形象,保留原有本质特征将其简化,有的还加之以卡通化改造,这也促进了泥塑文化在年轻群体中的传播。时代的印记促使我们不断地衍生出许多其他泥塑文化产品,如绘制有泥塑卡通形象的挂件、鼠标垫、手机外壳、便签夹等,这种将泥塑产品卡通化的创新,使得泥塑作品更具有吸引力。

无论是在城市还是在乡村,人们的生活方式和审美习惯有了很大变化。原本在人们生活中扮演着重要角色的泥塑如今也渐渐淡出。而契合受众视听感受的动画形式为泥塑提供了出路,尤其受年轻人的广泛欢迎。例如,2008 年北京奥运会的吉祥物福娃,由中国古老的五行论化生为五个福娃形象,精美的头饰也蕴含着许多中国传统文化的元素。吉祥物形象设计是泥塑文化应用的绝佳领域,如凤翔泥塑的“五毒蟾蜍”挂片有驱邪存福的寓意。在实际操作中是把泥塑造型卡通化,例如“人头狗”的形象,以原始泥塑造型头大身小为基础,对“人头狗”的面部细节进行改造变形,然后整体服饰的外在形象换成现代化类型。泥塑与卡通相结合为传统泥塑,争取到了更为广阔的发展空间,也更符合现代人的审美。

发展至今,泥塑已经脱离了泥塑大师专业独创的稀数珍品和民间传统手艺人的制作,它走进了广大平常普通人的生活,作为儿童成长手工益智玩具的橡皮泥、成为老少皆宜的趣味手工艺品、升级为制作黏土造型和黏土影片交流的教学工具、变身为形象生动的黏土动画等。泥塑艺术的存在形式变得多种多样,例如手办,手办作为高度还原动漫形象的模型受到很大欢迎,此外手办还采用了新型的制作材料,为泥塑作品赋予更多地真实感、故事感、表现力和吸引力。

3.2.2.2 其他黏土造型的发展现状

(1)黏土新形式。随着时代的发展,衍生出许多黏土的形式,例如,纸黏土、超轻黏土、软陶泥等。不同类型的黏土还有许多种颜色,能自由组合创造出各式各样的仿真食品、装饰镜框、花草植物、首饰、灯饰、包饰、手机挂件等,还有各种惟妙惟肖的人物、动画、动漫形象等。新型的黏土具有独特的延展性、高度的可塑性和鲜艳的色彩性等优点，是进行泥塑艺术创作的良好材料，在艺术家手中，黏土好像被赋予了灵魂和魔力。黏土由于色彩丰富，易于变形，具有趣味性和操作性，也非常适合教育领域的应用，用于开发儿童动手动脑能力、想象力和创造力，很好地实现了寓教于乐的目标，在快乐中促进孩子眼、手、脑协调发展，激发天赋，培养审美。黏土不仅对儿童来说是很受欢迎的玩具，对许多手工达人也是很重要的创作材料。随着人们的物质生活水平的不断提高，对丰富精神生活的需求也在不断增强，尤其加上近几年手工行业和兴趣爱好的盛行，黏土的普及面和流传度更广，黏土已经不仅是专属于儿童的玩具，还收获了很多学生、成人群体的喜爱，整体黏土作品的创作也得到了更高层次的发展，优秀黏土艺术作品不断涌现(图 3-61)。

(a) (b) (c) (d) (e) (f)

图 3-61

（2）陶泥。陶艺文化一直在中国流传，中国陶艺在世界上也有着不可或缺的地位。传统的陶器制作主要包括选泥土、拉胚、立胚、绘制、汾水、上釉、烧制等工序。而造型精美的陶器工艺就更加复杂，大部分是由专业大师亲手精雕细刻完成的，存在着工艺要求高、制作周期长，制成品的外形容易受到限制等问题，难以实现现代化市场对工艺品多样化、高产率的要求。对造型简单的陶器，传统陶艺有着很强的适用性，但是对结构复杂的陶器，传统陶器的生产工艺十分烦琐和复杂，需要耗费大量的时间和精力，且很难确保产品的实际成型尺寸精度和统一性。

科学技术的发展使许多设想成为现实，经过不断探索与努力，3D 打印技术运用到陶器工艺品制作中，这样一来陶艺制作既引入了先进科学的数字化 3D 建模技术，又能够利用 3D 打印技术制作出许多传统陶艺水平完不成的独特陶器（图 3-62）。当下，3D 打印技术和陶器技艺的跨界融合在陶艺界掀起了一股科技风，未来的陶艺创作将改变传统的手工简单成型，更多地将依靠创作者的前期设计。

3D 打印技术根据流体沉积成型原理，将半流体的陶泥材料通过机械或气动挤压方式经过特氟龙导管进入喷嘴，喷嘴沿零件截面轮廓和填充轨迹运动，通过逐层螺旋堆积的新算法黏结成型所需的立体结构，实现了层间无停顿无瑕疵的均匀光滑打印，仅需要技术人员在计算机中建立初始模型数据，喷头即可按照生成的路径轨迹完成所需要制作的模型。新型的 3D 打印技术工艺简单、成型速度快、无须雕刻技艺、直接介入，因此适用范围很广。

3D 打印技术在陶艺上的使用给陶器制作带来影响最大的一点就在于，大大增加了陶器造型更加抽象、灵活表达的可能性。传统陶艺由于工艺和材料的特性，在形态上尽管有多样创造的可能，但是也存在着很多现实因素的限制。3D 打印采用层层叠加的“增材制造”技巧，打破了传统陶艺在形态上的束缚。3D 打印项目探索了很多非传统的陶土器具和雕塑形态。

在专业人士看来，3D 打印过程中层与层之间的缝隙在其应用中也许是一种“缺陷”，需要弥补或改进。笔者认为，当前所有的 3D 打印机一直处在精度论

(a) (b)

(c)

图 3-62

下,非精度也是一种艺术美。陶泥 3D 打印机恰恰是反其道而行之,将这种“缺陷”强调出来,通过对 3D 打印机的打印轨迹的控制,在陶器表面创造出各种意想不到的肌理效果。众所周知,在高度控制的环境中,机器行为完全能够预期设定,这是工业生产的模式,但是如果我们能够使机器生产不排除环境干扰,反而将环境因素(如温度、湿度、噪声、地理位置等)融入生产过程中,利用参数转化为 3D 打印产物的形状和表面质感,在 3D 打印的流程中引入随机性和人为干预,探索如何利用 3D 打印技术创造出类似手工的独特感,在无序中创造有序,在有序中引入无序,追求一种控制下的随机性,这对所有创作者来说充满了期待。

3D 打印等的数字制造技术在传统陶瓷手工艺中的应用,更揭示了正在转变的设计师、匠人角色。新技术和新工具的产生,使得原本的设计、制造流程发生了改变,而设计师、匠人的角色定义也在逐渐变得模糊,设计师不仅仅是坐在计算机前面的创意者,制造、生产的流程以及人机的协同方式同样需要创新。数字制造技术的普及(如3D打印机)使得设计师进行设计迭代更加方便,可以不断地通过原型来优化设计,而这个过程与匠人不断通过练习来达到技艺的纯熟是类似的。对诸如陶瓷等的手工艺领域,设计师和匠人的角色常常无法区分,如今在新技术的影响下,设计师和匠人的角色将继续合二为一。

现在流行的"新技术代替工艺说"是片面的,实际上是"工艺"一词的内涵得到了扩充和更新。创作者由于新工具和技术的变化也改变了手中的设计对象。例如陶艺界的新变革,陶泥3D打印技术给予了陶器制作极大的自由,使得陶瓷器件不再受传统工艺流程的限制。形态上的复杂度,在传统的工艺中直接会造成生产成本的变化,因而是传统陶瓷设计中需要着重考虑的部分;但对3D打印来说,一切形态皆平等,而设计师也可以自由地尝试更加烦琐的形态,探索新型的美学语言。对懂得改造工具的设计师来说,他的设计对象不再只是最终的产品,而是一个包括工具、规则和最终产品的系统。他的角色更像是"导演",而不仅是"美术指导"。

(3)黏土游戏。网络信息技术飞速发展之后又给黏土行业带来了新变革,借助这种新型的传播形式,黏土造型开始以数字化形象进入黏土游戏,各种黏土游戏一时盛行。例如儿童益智类黏土游戏:黏土水果、黏土大战等;动作防御类黏土游戏:《黏土星球》——一款来自日本著名手办生产商制作的十周年纪念游戏,游戏一上线就收获了一大批忠实的黏土爱好者玩家,给那些热爱手办模型却没有经济实力购买的黏土玩家一个满足爱好的机会。《黏土战机》的上线也很受黏土玩家欢迎,这是一款特别的飞行游戏,以地球为背景,内有很多各地的标志性建筑,各种不同的敌人也增加了游戏的乐趣。此外这款游戏还可以和朋友一起玩,使快乐升级。另外一款休闲益智类游戏改编自同名经典黏土动画《小鸡快跑》,整体游戏呈现出轻松幽默的氛围,游戏画面还有很多与动画情节相一致的地方,十分巧妙地将动画延伸到了游戏中,留存在人们心中的机智可爱的黏土小鸡形象在游戏中能够给人轻松愉快的感觉。同样,由黏土动画《圣诞夜惊魂》改编而来的同名黏土动画电影、黏土游戏延续了原版动画的画风,充满黑色惊悚幽默、异想天开的恶搞创意刺激着人们的感官。2008 年秋天 Art Co. Ltd 发行了一款运行在 NDS 上的游戏。另一款游戏《小羊肖恩:寻顶记》2009 年在欧洲发行。2010 年阿德曼动画公司发行了《小羊肖恩》主题黏土游戏《小羊肖恩乐园》,作为益智类的计算机游戏,《小羊肖恩乐园》不但画面像田园诗一般清爽恬静,背景音乐也非常轻松安闲,二者结合整体效果极佳,虽然游戏体验耗费脑力,但却感觉身心都获得了愉悦和休闲。一经发行便风靡世界。2011 年阿德曼动画公司制作了更完整、细节更丰富的游戏《小羊肖恩乐园 2》,并以单独的软件形式发行,目前该游戏正在 Steam 平台销售,售价人民币 36 元。《蜡笔小新黏土造型大变身》是根据著名的动画《蜡笔小新》改编而来的 NDS 动作游戏,动漫的主角小新这次要在黏土的世界里利用黏土变成各种各样的形态来通过关卡。

然而黏土游戏中,最著名的当属《黏土世界》(图 3-63)。这款游戏与现今流行的真人出演和 3D 立体造型这些科技手段完全不同,它运用逐格拍摄的方法制成了卡通化的橡皮泥主角与道具。《黏土世界》因为怪物被霸占而陷入黑暗,一个救世主出现了,他必须拯救这个世界。目前游戏有两个模式供你选择,第一个玩法是在一定的区域内滚球,让黏土越滚越多,球越滚越大,当然如果速

(a)

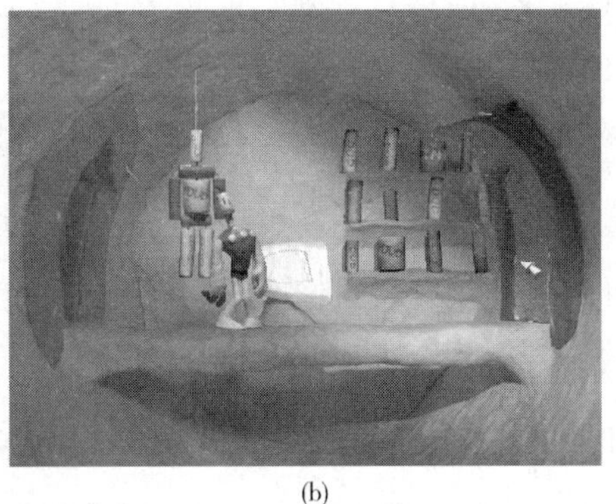
(b)

图 3-63

度慢就会被火山熔岩吞没,然后在最后冲刺击打怪物,得到黏土一定的黏土分数,另外一个模式则是在无限的区域内滚球,必须要有红蓝绿三个颜色凑起来才能得分,不然就要重新来,小心障碍物和火山熔岩,最后得分多少直接决定你能买多少的黏土小怪以及黏土山。《黏土世界》是别具一格的黏土游戏,幽默波动的剧情和性格鲜明的人物都是这款游戏的亮点,很受广大群众的喜爱。

国内的黏土游戏也不甘示弱,黏土定格动画《小王子》的成功吸引了游戏平台,天天爱消除与《小王子》联手打造推出小王子游戏版本——《小王子与喵星星的故事》(图 3-64)。游戏的星球被设定为喵星球,这个星球的规则就是消除类游戏的一般规则,同时游戏体验设定为小王子视角,来探索这个喵星球。这款游戏以爱消除游戏为基础,还寓意着"消除烦恼",同时又把小王子的浪漫故事展开,让人们能用孩童的视角来体验和赞颂纯真善良,以游戏的方式进入到小王子的纯净世界,体悟成长。

(a) (b)

图 3-64

4 黏土角色造型的新时代

4.1 新技术时代黏土角色造型的发展展望

人类的生存依赖着大自然。人类生于自然,存活于自然,取之于自然,用之于自然。人类与自然相比是很渺小的存在,自始至终都要遵循自然规律。而随着历史进程的发展,人类也逐渐演化成超越其他物种的智慧生物,具有高度的能动性和创造性,并建立起极其复杂而严密的社会组织体系,但是人类与自然之间的联系还是非常紧密的。自然是人类存在的根本,人类在自然环境中生存,虽然人类为了自身的生存和发展,开启了改造和利用自然之路。但是人类一定要认清事物的实质,不能够忘记自然之本,更不能凌驾于自然之上,否则对自然的任何改造都会直接或间接影响人自身。人与自然和谐相处是我们必须要牢记的。

进入到现代化社会以来,人们体验着技术提升带来的便利快捷生活,但也失去了农耕时代的田园诗意生活。这不是过分怀旧情绪提倡时代倒退或者批判现代技术生活,而是在思考我们是否能在"除旧布新"的同时,将优秀的传统文化瑰宝好好留存,将新技术与传统精华相结合。但是现代信息技术对人们的改造太大,人们越来越丧失了精神层面对传统珍宝的追求。

尼克·帕克导演的第一部获得奥斯卡最佳动画短片奖的影片《物质享受》,即采用黏土玩偶模拟现实里人们接受采访的样子,记录了人与动物之间的沟通相处,"回归自然"是这部影片所要传达的理念。影片当中,居住在动物园的接受采访的第一代动物十分强烈地表达着自己对于人类创造的物质条件的不满,心中眷恋的依然是大自然的自由天地,而在园中出生的第二代动物却已经失去了野性,享受着人类喂养的生活。由此可以想到,高效率科技工具的应用带来了膨胀的财富欲望,人类为了获取更多的生存空间,更多的物质利益,霸占了其他生物赖以生存的家园,还将野生动物关进动物园,满足自己观赏的乐趣。导演在片中借“动物之口+人类语言”的形式,讽刺人类自以为人道的“动物福利”实则是人类在生物界推行的“人类霸权”而已。

在动画长片《小鸡快跑》中,尼克·帕克导演有感于在鸡肉加工厂打工的经历,全片的主题围绕着“逃离控制,回归自然”而有感而发。动物们不是头脑简单,只会发牢骚,而是充分运用自己的聪明才智,团结在一起创造出奇迹。片中的农场女主人不仅苛刻地索取母鸡们的鸡蛋,还为了获得更多的利润进行鸡肉的加工。片中鸡肉馅饼制作机器无疑成了母鸡们的梦魇,技术为满足人类贪欲而被创造,这样可怕的技术带来的只有对大自然无尽的索取和无情的掠夺,如果达到自然承载的极限,人类总有一天会受到应有的报应,于是片中的鸡们就用自己的行为给人类惨痛的教训。

超级无敌掌门狗系列的长片《人兔的诅咒》更加淋漓尽致地宣扬了这一主题。小镇居民组织的蔬菜比拼大赛,使得蔬菜成长成超自然的巨型体态;而主人公华莱士为了能够泯灭兔子们爱吃蔬菜的天性,发明出了洗脑机。这样的举动怎么会得到首肯呢?于是人变成了兔怪引发了一连串的骚乱。

恩格斯曾这样论断:“我们不要过分陶醉于我们人类对自然界的胜利。对于每一次胜利,自然界都对我们进行报复。每一次胜利,起初确实取得了我们预期的结果,但是往后和再往后却发生完全不同的、出乎预料的影响,常常把最初的结果又消除了。”[1]这一著名论断是人类与自然关系的经典言论。人类适应和改造自然的范围、方式和程度应当有一种自我约束,不要过分陶醉于对自然界的胜利,自然具有无限的广阔性和复杂性,总是存在着未知领域的,不能只是注意生产行为所引起近期后果,而缺乏对自然应有的尊重,联想当今世界面临

---

[1] 马克思恩格斯选集:第4卷[M]. 北京:人民出版社,1995.

的一系列环境问题,人们应当有所警示和感悟!

数字化时代,CG技术渗入了人们生活的每个角落,但快节奏的生活所带来的压力烙下了承重的工业化痕迹。虽然当下计算机动画势头兴盛,但我们仍需认清计算机艺术的发展并非它的出现取代了其他动画片种。恰恰相反,那种散发着原有魅力和表现自然的拍摄方式依然存在,而这种带有情感态度的感觉是计算机艺术无法拥有和比拟的。返璞归真俨然成为一种大众追求,黏土造型将借助新型技术和网络信息的传播方式受人们的欢迎和喜爱。

技术的进步带来传播的变革,现今互联网的传播模式促使人们的需求心理也发生变化,群体结构、消费模式、审美方式也因此发生变化,群体受众也出现分层,针对群体的喜好黏土造型演变出风格各异的类型。新兴的网络技术社会对人们的生活和娱乐习惯也造成了很大影响,受众需求的变化是催生黏土造型多样化的重要原因。例如普通上班族乐于在体验数字技术模拟制作的黏土游戏中来释放压力;还兴起了一个自由手工创作的群体。在之后的社会发展中,人们可能将不单单是出于减缓压力而偏好于黏土类型,更多的是从黏土中追寻和回忆失去的童真,对于黏土的需求呈现由低层次解压向高层次精神追求而变化的趋势。儿童和成年人对返璞归真有着迥异的心理需求,在对风格各异的黏土造型的喜好偏好中可以表现出来,这体现在不同群体通过各种黏土游戏、黏土动画或者自由群体创作的情感表达上。综上所述,由于群体分众的趋势在不断变化着,个人对所追求的娱乐模式需求也发生了改变,促使着黏土造型为了满足人们的不同需求而变得更加多元化。

黏土造型逐步成为我们生活的一部分,对返璞归真的追求具体化在对传统手工的情感诉求,人们更迫切地想找回曾经的“幸福”感。人们将更怀念以前失去的东西,渴望得到更高质量的精神满足,一些民族性的东西也将因为没有国家和种族的区分走向世界。

“动手”才是最本质、最原始的内心情感需求的表达。一方面,人们能够通过自己动手,自由创作的方式来追寻返璞归真和对传统手工质感的情感诉求,亲自制作的黏土手工艺术品比工业流水线生产的商品更具有情怀和温度,在自由创作的过程中,不仅可以体会泥土的芳香,勾起儿时童真的回忆,还勾起了成人在工业时代被压力消磨的尘封的童年回忆,刺激了麻木已久的心。除此之外,人们通过五花八门的材料和工具,将自己自由创作的黏土手工制品通过"逐格拍摄法"最原始、最简单的方法来制作,记录自己脑中和心中灵光乍现和大胆想象的事物。每一位热爱动画的人都可以通过"逐格拍摄法"进行拍摄,也可以通过简单又便宜的方式体会到亲身制作黏土造型以及黏土动画的快感,这无疑是将动画还原大众化这一本质面貌❶。

另一方面,小时候似乎都与泥巴分不开,一块充满泥土芳香的橡皮泥可以随意地变换形状。我们感受着泥土带给双手的质感,黏土以一种更为直接的方式把想象变为现实。黏土游戏利用模仿黏土特殊材质使它区别于其他网络游戏,鲜艳柔和的色彩,特有的皮肤质感,仿佛处处都带有着一种温度。在黏土游戏道具的设计中,角色身上的衣着、家中摆放的物件等一切细节都带来真实生活的感受。黏土游戏独特的魅力来自原材料的质感带来的快感,能以最快的速度将玩家带入到现实生活的情境中,以自然的方式让玩家感受来自生活的另一个特殊世界。一些简单的意趣游戏、单机游戏,十分符合返璞归真的内涵要求,其中可爱朴实,充满质感的符号化形象,取于自然、表现自然的存在方式。网络游戏固然可以达到马斯洛所认为的高峰体验,满足人们的需求,但是在这个庞大绚丽的世界里依旧充斥着商业化的喧嚣和浮躁。因为长时间刺激着玩家的视觉,只会带来烦躁疲惫的体验,此时黏土游戏便是放松心情、感受自然氛围、愉悦身心的最佳选择。

由于黏土散发着"童年回忆"的独特魅力,因此必将在网络中广泛流行,例如,网络涂鸦有可能会以黏土涂鸦的方式出现,散布在人们的网络生活中。虽然整个社会处于一种快节奏和消费化的状态,但是黏土的特殊材质、独特的皮肤肌理和质感,依然吸引着许多艺术家愿意与黏土终年为伴。尽管数年埋头创作一部黏土动画会耗费大量时间和精力,思想独到的艺术家们还是抵挡不住它

❶ 黄勇. 论"逐格拍摄法"的生命力[J]. 北京电影学院学报,2006(5):15-18.

的魅力,他们寻找一处僻静之所创作,远离商业化带来的喧嚣和浮躁,只为亲手带来一部完美作品的诞生,寻找那样一种温暖。黏土动画具有的原始美和质感使它的艺术表现力更深刻,包括造型形象和场景空间感都是计算机三维动画、二维动画所无法表达和模仿的,本身带有的真实感和亲和力直击人心。当现代社会越来越盛行返璞归真的追求时,黏土动画也会凭借着新技术的发展融入其他的动画方式中继续推行。在全民 CG 时代,计算机三维动画、二维动画虽然在模仿黏土卡通形象来创作黏土动画。但是,黏土动画这门传统动画是直接用现实物体进行拍摄,历久弥新的艺术魅力是高科技的 CG 技术无法比拟的。

计算机动画有优于黏土动画的特效技能和视觉效果,计算机制作动画的优势不仅在于缩短动画的制作周期,还可以在视觉层面达到更逼真的效果。一方面,利用数字技术参照黏土造型建模,采用计算机三维建模的方式来模仿这种传统、原始的、人性化的手工造型;另一方面,将黏土塑型后,利用 3D 扫描仪,形象就可以转化为电子图像,直接捕捉实感物体。三维扫描仪可以进行类似于照相机的工作,能够更方便地将现实世界物品转换成为可用于计算机 3D 打印和处理的数据,而且更加立体真实。这种直接捕捉泥土手感的方式仅用计算机建模很难达到效果,它的造型比计算机建模要更接近黏土的质感。这样,不仅可以满足人们体会亲切质朴的"幸福"感,也能够感受到另一种细腻真实的美。

总的来说,黏土造型将作为一种特殊的动画形式一直在观众心中占有重要地位。科技不断进步和发展,黏土将结合着新型表现形式不断更新着我们的感官体验,不断给观众带来不同的感受,黏土造型将会不断开拓出新的美好形象。

4.2 中国黏土动画的发展展望

中国黏土定格动画有很长时间的创作历史,从 20 世纪 40~90 年代的作品有《孔雀公主》《皇帝梦》《神笔马良》《小小英雄》《阿凡提》《曹冲称象》等种类繁多的动画片,许多观众成年之后还依然喜爱着这些经典黏土动画,并且很多作品是国际电影节的获奖佳作,那一时期中国的黏土定格动画领域已经达到非常高的水平。中国动画人在辉煌时期也创作出很多经典的材料艺术动画片。从20世纪90年代以后这个领域却陷入低谷,直到今日人们依然视计算机动画为追赶国际潮流的标志,三维计算机动画似乎成了解决一切问题的灵丹妙药,忽略了对于这种传统动画艺术形式的继续探索。从动画电影艺术长远发展的角度出发,重新思考中国动画未来的出路是一个重要问题。

虽然20世纪90年代由于3D计算机动画的兴起而对黏土动画的辉煌造成了巨大打击,但当黏土动画这一古老的艺术形式重新回归时,中国人却视其为“新”技术,我们需要重新衡量并定位这种动画技术语言。

4.2.1　黏土动画的灵魂——童真心理

动画能够提供广阔而自由的想象空间,成年人在动画世界中能够发挥想象力而在精神层面上满足现实的一些不足和需求,还有很特别的一点在于动画和人类自我意识原点的童年期相符合。于是动画相当于提供了一个远离充斥着忙碌、焦虑和压力的现实世界的庇护所,回归到人类原始意识,重新体会纯真的情结,也给人们带来精神上的放松和心理上的慰藉。这种进入动画世界而找寻到的精神自由和情感释放给人们带来最纯粹和彻底的释放[1]。而黏土动画是所有动画表达形式中能够带来自由解放最突出的,在充斥着各种竞争和压力的当代环境下,不论从内容还是情感内涵上都可以成为动画沟通想象与现实的途径,并且在动画中还可以尽情使用夸张的表现方式来突显童年时期内心的原始冲动,更能使成年人进入童真时期。成年人需要智慧和勇气——回归童真不是倒退,而是攀向人生极致——消散烦恼,拥抱欢乐。童心最接近神性,这正是作者所说的:“拥有一颗童心是幸运的。”所以,“返璞归真”应该是动画最重要的核心基点,才能与观众产生心灵上的共鸣。然而,中国动画界大多数的作品都只是浅显地将“儿童心理”理解成了“幼稚心理”,“幼稚”与成人世界是相脱离

[1] 李朝阳. 中国动画的民族性研究——基于传统文化表达的视角[M]. 北京:中国传媒大学出版社,2011.

的,成年人并不欣赏这种幼稚气质,这仅仅是停留在儿童阶段的语言,而“童真”的概念是放入成人世界来解读的,尽管同是带有儿童理念色彩的,但是却包含了成人可以认可和感兴趣的意象,而且还可以触发成人内心深处的童心。例如,黏土动画《警察与小偷》尽管是改编自同名小品,但大量的动作和语言都偏向幼稚、说教,很难满足成年人的高标准审美要求。

最重要的是认真考虑动画接受对象的全民化特征,改变动画受众的低龄化倾向。米老鼠之父华特·迪士尼曾道:“我不是主要为孩子们制作电影,而是为了我们所有人心中的童真(不管他是6岁还是60岁)制作电影。”日本和美国早已提出“动漫成人化”的口号,宫崎骏作品数次拿到日本年度票房冠军,动画电影在美国成为票房冠军更是家常便饭。这些都告诉我们,动画片不是儿童的专利,成年人照样需要动画。20世纪80年代起,尼克·帕克的创作就偏向了“好莱坞式的情节”,故事紧张、悬念丛生,叙事快节奏,还存在着大量追逐战斗情景。这种套路使得阿德曼动画公司不仅仅是为儿童群体创作动画,成年人同样喜欢他们制作的动画影片,而这些被创造出来的角色也在英国深入人心。国产动画片中则出现说教气息浓厚、人物性格单薄、叙事手法单一、镜头语言粗糙等现象,几乎成为一种通病。宫崎骏表达过:“动画是一个如此纯粹、朴素,又可让我们贯穿想象力来表现的艺术……它的力量不会输给诗、小说或戏剧等其他艺术形式。”[1]如果不能意识到这一点,国产动画的繁荣也只能是一个遥不可及的梦。

尼克·帕克的动画多次荣获许多国际大奖并且也深受人们的喜爱,不仅在于他对情节的把握和主旨的传递,更有他对动画叙事手法和电影语言恰到好处的实践。动画是一门综合性的艺术,它是美术的、更是电影的。中国动画一直以来就有重美术特性、轻电影特性的特点,尽管曾经在世界上获得无数荣誉,但大都是因为在美术风格上的创新,而非技术上的纯熟、商业上的成功,当今的国产动画尽管已经意识到了这一点,但对如何灵活应用电影语言为讲故事服务上

[1] 陈奇佳. 日本动漫艺术概论[M]. 上海:上海交通人学出版社,2006.

仍有待提高。

许多国产动画之所以不受观众的喜欢,往往就是因为片中的太多细节是虚假的、经不住推敲的,精品动画意识欠缺。电影以真实的生活为基础,电影中细节的真实性是构成影片生命力的核心。使观众产生共鸣和思索的作品,就必须先引起他们的心灵感应,这种感应的前提就是真实。比如韩国的黏土动画《哆基朴的天空》在2003年的东京国际动画节上获得优秀作品奖,这是一部恰如其分地把握了儿童心理,具有相当水准的影片作品。而2009年法国国际动画影展最佳动画长片《玛丽和马克思》,一次次地探寻现实问题,充满着黑色幽默。正如沃尔特·迪士尼所说:"只有角色变得人性化,才能让人觉得可信。没有个性的人物可以做一些滑稽或有趣的事,但除非人们能从这些角色身上看到自己的影子,否则它的行为就会让人感到不真实。"黏土动画师们很好地做到了这一点,这些都得益于他们对生活的深刻思考,对人物动作和生活细节的把握,对作品中角色的绝对尊重,才能让动画中的人物给人一种亲近感,仿佛它们就生活在我们的身边一样,才能给我们心灵上带来更深的触动,而这些正是中国动画所欠缺的。

以英国动画电影为例,英国动画电影的特点中结合了商业和文化。英国的影片中,与动画之间有着共生互利关系的有很多,例如,具有个人特性的短片、动画广告、电影、电视、电视剧、MV等。但英国的动画电影发展平缓,取得的成绩平平,主要原因是还要依靠国外资金的资助,缺乏本土资金做长线发展。尼克·帕克的成功让英国动画工业树立了信心,而对大多数动画家来说,广告机构给他们提供了证明才干的机会。英国动画电影在创作方面拥有很大的自由,在材质运用方面尝试了新鲜的部分,包罗万象的表现形式中黏土、实物、沙子、纸片、塑胶、土豆、钢丝等都展现了新颖的特点。众多的新颖尝试不光体现了动画作者创作的自由性,还表露出了追求新鲜的、求变的创作良知。

尼克·帕克的作品从"艺术动画短片"——"商业动画长片"成功转型的经历对中国当代动画短片的发展也具有深远的指导意义和启示。其一,特异的角色造型及特殊的制造工艺是可以通过大众化、现实化的主题被观众所接受,除了尼克·帕克导演,另一突出的例子就是好莱坞鬼才导演蒂姆·伯顿,他的带有诡异哥特式风格的人偶动画片《僵尸新娘》,怪异的人物造型满足了观众的“猎奇”心理,顺应当下“审丑”的美学潮流,但在主题的选择上依然是宣扬爱情至上的理念。其二,民族文化特征需要被提炼并可以尝试与成功的商业动画影片类型元素融合,使角色塑造得更加丰满,故事更加精彩。其三,电影镜头语言的表达方式的学习和应用,可以使创作的视角更加开阔,接近更多受众的心理期待。黏土动画所带来的影响,不仅对电影语言甚至动画的革新都有很大的帮助,而且对电影媒介的发展有着不可忽视的推动作用。

黏土定格动画是可以通过色彩、灯光等舞美效果给予角色更加细腻夸张的视觉效果来完成的一种动画艺术形式。黏土定格动画采用直接拍摄现实物体的方法,这是它的天然优势所在,使它在视觉上比计算机制作的实物更加逼真。想要营造出极为个性的角色表演,导演可以通过加快影片节奏、拉大空间感、切换镜头的方式创作出与计算机三维动画不同的另一种细腻真是的美——一种不亚于计算机动画的视效。

如今,黏土动画角色造型越来越千奇百怪、类型丰富,但是,不管剧情怎样变化,造型角色的风格对导演来说还是有他们共同的特色。比如,蒂姆·伯顿笔下的黏土动画造型纤瘦并且拥有憔悴的容颜,对比尼克·帕克制作的角色,大多都是特别的夸张,尤其是可以做各种丰富表情的嘴,完美展现出英式的幽默。黏土动画角色造型要建立在立体材料基础上,充分展现立体造型的优势,要脱离平面化的处理。因此,我们要充分重视立体造型语言。

国内著名的黏土动画大师路岩说过:“之前我和老陆对于技术学习上也有过争论,比如说立体打印,刚开始我特别抵触,因为我觉得黏土动画之所以让我们感动,是因为他是纯手工打造的。但是现在,我的思想有一些转变,我觉得这种现代科技可以用,但是不能依赖。黏土动画是要接地气的,有些外国的团队做的黏土动画非常好,一点都看不出来是定格动画,完全没有瑕疵,甚至感觉像三维的动画作品。而我个人还是觉得黏土动画那种最质朴的东西才最能感动人,不要只在技术上较劲,要在故事上,文化上多挖掘,这样做出来的黏土动画才会被更多人接受。”

如今,成年人越来越欣赏动画这一对象,动画角色也渐渐成为成年人互晓的“明星”,日本和美国动画的共同特点已然出现在以成年人的视角切入动画创作上。中国黏土动画创作出精品的起点与根源在于了解“童真”和“幼稚”的根本区别,因为中国动画普遍的“幼稚”病不仅使自己只局限于儿童的范畴中,而且还缺乏成年人所需求的“童真”情感,所以考虑两者之间的区别显得非常重要。

4.2.2 黏土角色造型“民族化”的必然趋势

中国动画虽然经历了无数次的探索和碰壁但是依然呈现出的两个极端的发展趋势。一是盲目追求所谓的欧美或者日韩风格,片面地强调国际性,一味地抹杀了动画产业本身的民族特点;二是丢失了属于自己独特的风格和特色,固执地走在“改编”“翻拍”的道路上。国人观众渐渐远去的原因就在于丧失了自己特有的风格、趋于“幼稚”的走向❶。

中国动画有许多经典的成功角色,他们都证明了中国动画也有过辉煌的成绩,如哪吒、阿凡提、孙悟空等,他们都给我们带来了美好的童年回忆。老一辈的动画艺术家们为我们留下了一部部充满中国民族特色的经典之作,但是,这些都是曾经的辉煌历史。20 世纪,国外动画市场开始转向中国,中国的动画因为与世界接轨,我们学到了更多更先进的设计与制作技巧,引进国外先进的制作软件,开拓了动画制作人员的视野。许多动画公司也会邀请国外动画师共同制作动画,为中国培养了一大批优秀的动画人才。虽然,这样的方式带动了中国动画全面的发展,但是,中国不断引进外来动画的这一举动,无疑使我们年轻一代有了对比和刺激,使动画市场都转向了国外动画。这时候,中国民族文化的动画片产量也极具下降,中国市场逐渐遭到侵占。

要弘扬中国民族精神,首先,了解中国民间美术是一种大众文化,与我们的生活和精神需求不可分割。动画想要深受广大民众的喜爱,必须娱乐于观众,

---

❶ 李朝阳. 中国动画的民族性研究——基于传统文化表达的视角[M]. 北京:中国传媒大学出版社. 2011.

将这种精神延续下去。老一辈的动画家创作的动画之所以成功,就是因为他们了解要想成功就必须要制作符合大众审美和精神需求的、深入民族文化精髓的、深受广大观众喜爱的、弘扬中国本土民族文化的艺术之作。不管是角色的动作还是个性都带有鲜明的民族化特点,都能给观众带来欢乐。比如,《大闹天宫》(图4-1)、《哪吒闹海》(图4-2)中的孙悟空和哪吒,为什么至今这么多年都让人津津乐道,让人们印象深刻,成为经久不衰的民族文化的象征?因为他们都有着中国人鲜明的民族性格,他们象征着自由解放、勇敢善良、有胆量、有孝心。一个角色的成功要有优秀的外形设计,这种外形不光是通过五官和穿着来体现,还要有个性鲜明的性格特征,在气质和语言动作上能够表达出鲜明的特点。只有将两者结合,才能成就一个吸引人的、成功的动画角色。

图4-1

图4-2

纵观我国当前的动画现状,我们要积极创新将民族传统文化融入进来,这个自我发展的过程不仅有助于传承发展民间文化,而且可以促进中国动画参与到国际竞争中去。我们要继承优秀传统文化中的精髓,开拓创新,将二者结合起来,相互融合,创造出世界上至今没有出现的东西。如动画片《九色鹿》(图4-3),它的题材是佛教的故事,其中融合了敦煌壁画的绘画风格。《山水情》(图4-4)利用的是中国传统的水墨画的艺术形式。这些动画作品都成为经典民族动画。国外引用中国传统文化来制作动画片,例如,1958 年,日本《白蛇传》(图 4-5)、1998 年,美国《花木兰》(图 4-6)以及 2008 年《功夫熊猫》(图 4-7),这些在国际舞台上引起强烈反响的动画作品都是以中国文化为题材制作的。尤其是《功夫熊猫》,这些都是值得我们反思的问题。

图 4-3

图 4-4

图 4-5

图 4-6

我们可以采取泥塑与黏土动画结合的方式,黏土动画的制作过程、取材、方式都证明选择泥人作为黏土动画的拍摄对象,不仅可以宣扬泥塑这一民族文化,而且对动画的发展也是非常有帮助的。通过早期中国的黏土定格动画片发现,无论是可以表现故事情节需要的静态的材料都能够被采纳,因此黏土定格

图 4-7

动画的场景取材范围非常广泛。黏土定格动画拍摄的主要对象有很多,比如人性和动物性的是木偶、玩具、泥偶等,或者是为了展现动画情节、场景所需要的静态物体。

泥人与黏土动画的艺术价值的双重性是显而易见的,一是泥人制作成黏土动画后在影视艺术中的贡献价值,二是泥人背后所隐藏的艺术与文化的内涵。事实上,泥人与黏土动画的价值本身就带有影视艺术与文化艺术的双重性,因此这两点可以合二为一。泥人背后隐藏着深远的文化内涵,例如,江南地区发源地的婉转浓情、温文尔雅的昆曲文化历史,江南文化自然也就包含着多层次、多维度的内涵和艺术领域。明清以后,不光民间的"草台班"在无锡表演乡土小戏的频率逐年增高,京班、徽班也常常到无锡演出,而且南昆的昆腔戏在无锡开始流行起来,丰富的戏曲为艺术家提供了大量的素材,昆曲戏文表演泥塑创作敞开了新大门,昆曲文化、昆曲情节、昆曲人物在惠山泥塑作品中得到充分的传播和体现,江南昆曲的清调韵律浸含在手捏的泥塑作品中。

在中国历史上泥塑形成了南北风格,并以天津和无锡最为出名。近几年,惠山泥塑表现出强劲的势头,随着社会经济的快速发展,惠山泥塑得到了当地人对民间传统文化做出了一系列的保护工作。

面对泥人手艺即将失传的现状,想要找到一条适合发展的道路,急需积极创新。依据泥人自身的造型结构特点,把泥人与黏土动画相结合,将泥人展现、仿真、复原和再现,将这一非物质文化遗产运用到黏土动画的角色设计中。在黏土动画中淋漓尽致地体现了泥人独特的质感,并且在体现人性化的同时更具独特感,使普通大众可以真实地感受到这种独特性。

想要展现无限的时代感,被大众接受和熟知,我们要知道,只要在材料和形式上进行更深入的改革和进步,影视、艺术或动画都会向成功迈进一大步。我们只有走在时代的前沿,才会在社会中有一席之地,所以我们将黏土动画和泥人相结合,这就等于将传统的民间艺术与时代接轨,这不仅有利于中国动画的发展,而且有助于泥人的发展,这都是有利而无害的。孩子是动画的最大受众群体才是最重要的一点。孩子是祖国的未来,我们只有从小抓起,把民族文化保护发展的观念在潜移默化中传递给他们,才能根本上解决中国非物质文化遗产即将失传的现状。

动画是典型的艺术综合体,它包含了很多的艺术与专业的技术,这两个要素缺一不可,想要创作出成功的作品就要有技术和艺术的结合。在一部作品中,我们体现的往往的是多重的艺术性,动画有着随心所欲、天马行空的特点,跟实拍片不一样的是,动画不但不会受到环境,天气等因素的影响,反而还能轻松地呈现我们想要的效果。我们可以根据自己天马行空的想象去创作特殊效果,通过泥塑和黏土动画的结合方式更可以使动画做到"大众化",一方面利用黏土动画独特拍摄的光影效果能够完美展现泥人身上鲜活的形象和特有的质感,另一方面可以采取泥人的造型色彩特点在黏土动画的前期设计中进行角色的设定,所以这种模式非常有助于传承泥塑。时代在不断进步,社会也一直在发展,根据时代的变迁而变化,我们只要紧紧跟随时代的脚步,在时代潮流的脚步下我们才能发展得更好更有意义。

积极保护泥塑的措施主要是把它们保存在博物馆里,但是这样只会随着时间的流逝失去原有的光泽。消费时代已经到来,在文化遗产发展中,人们注意到了"价值"二字,渐渐发现忽视了非物质文化遗产这一特殊的存在形式,传承与发展传统文化是我们每个人都应该做的,所以我们要学会创造价值。并且我们也要知到民间文化艺术都是跟随时代的脚步而不断发展的,我们要保护好泥人文化就必须找到一条适合自身发展的道路。所以,泥塑也要做出相应的变化,才能拥有时尚气息并赢得广大观众的喜爱和关注。中华上下五千年的历史文化给我们留下的是无限的精华也是财富,因此我们应该传承下去,把这些非物质文化遗产投入到动画中,将它推向世界、推向未来。

作为新青年,中国动画发展现状和传统艺术文化没落的两难局面,我们要勇于承担责任。当下的动画是具有一定的影响力且比较受关注的艺术表现形式,所以寻求一条发扬民族文化之路需要我们把我国的动画与传统民间艺术相结合。

中国老一辈的动画艺术家中,譬如万氏兄弟等人把属于中国的民族文化特色融入到了动画中,为中国动画贴上了独一无二的标签,创造了动画的辉煌时代,同时还给我们积累了有效的动画创作方法。可是,随着社会的不断发展进步,不管是动画电影还是动画电视剧,我国的动画产业却远远落后于其他的国家,都没有可比性。近些年来,不管是在生活中还是在艺术方面越来越多的年轻人都在盲目地追求西化。比如美国热,日本热一波接着一波进入中国市场,尤其是在动画制作中,不论是在艺术价值上,还是创作上,都效仿日本、美国,都缺少中国的本土文化元素从而失去了中国本身所具有的民族精神。早在20世纪60~70年代,有一个成功且典型的事例,老一辈的艺术家在动画创作中插入了水墨画成分,使得这两项艺术形成了特殊的融合,这样的中国动画在国际上获奖无数。中华文化源远流长,博大精深,拥有取之不尽、用之不竭的艺术文化遗产和古老的民间传说故事,只要我们每时每刻关注到它们,并运用到动画创作中去,不像之前那样盲目追求美日动画的外在技术,我们也能制作出属于我们的动画创作,这不仅是在无形中推动了民族文化的发展,而且能更好地传承非物质文化遗产。

如何创造出具有中国本土文化且能够被广大群众所喜爱的作品,并让中国动画走民族化的道路还不缺少时代的气息,是一件具有挑战性的事情。在这个信息多元化世纪,面对中国存在发展现状和中国传统文化遗产的没落的问题,非物质文化遗产的发展与传承,引起了人们深深地思考。怎么样才能使我们文化的发展与传承不随着时间而流逝,反而需要紧紧跟随时代的发展不断扩展和完善,使非物质文化遗产能够在更多精神层面传承下去。作为新生力量的我们,身负重任,泥人与黏土动画相结合能让各自有新的载体,让泥人可以引起广大市民的关注,并在时代变迁中继续传承和发展。虽然这是一个大胆的尝试,但是却可以激发我们对艺术的创造力,也可以促进中国民间传统艺术文化的传播和传承,还是有很大意义的。

中国拥有许多经典的民间故事和优良的文学作品,我们可以将它们很好的借鉴在黏土造型设计上,结合现代人的审美观念,将其中一些元素和现代设计进行提炼和改造,使这些造型富有时代民族特色,赋予整个作品艺术感染力。我们在传承中国传统民族文化元素之一的泥人时,根据现代社会的审美和发展趋势不断地进行变化,成就全新的具有时代感的泥人形象。在黏土动画的制作过程中,我们也要融合现代动画的发展与演变的同时,保留和继承民族特色以及传统文化,还要不失时代风格,成就全新的动画形式。

4.2.3 与动画技术的融合

不可避免的是中国古老的民族文化与深远持久的历史对中国黏土动画有着深远的影响。回望中国黏土定格动画的发展历程,虽然大都形象鲜明、造型夸张,但是大多数只能在平面上横向、纵向进行简单的移动,形体也不能自由变化,具体到角色幅度大的动作和面部表情时,就会表现出呆滞、僵硬;并且,角色造型虽然看起来充满童趣,但事实上只是一些简易的造型设计,这显然不能满足现在观众对于视觉的高要求。黏土形式并不是中国所特有的,但是在当下情形利用动画技术与黏土充分结合,将两者完美融合才是最佳的选择。

4.2.3.1 “逐格拍摄法”——有利中国黏土动画事业发展

计算机的出现、科学的进步、技术的发展都在动画行业中占据着重要的地位,并且发挥着无可比拟的作用,源源不断地为动画行业带来新鲜的血液,带来了动画领域的蓬勃发展。计算机技术不仅为传统动画节省了大量繁重的劳动力,减少了制作成本,缩短了制片周期,更重要的是为动画发展提供了一个新的时代。制作动画的唯一手段不再是“逐格拍摄法”,随着更多的计算机动画软件被打入动画的体内,使我们更难再以某种标志来划分动画的领域,外界对动画的入侵还是动画向外的扩散已很难界定。总之,随着科技日新月异的变化发展动画也更加自由地发展。

如今的计算机动画兴盛,但是我们必须要看清一点,它的出现并非取代了其他动画片种。相反,那种取于自然、表现自然的拍摄方式依然存在,依然散发出它原有的魅力,我们仍需要按照最原始、最简单的动画拍摄方法,用那些千奇百怪、五花八门的材料和工具来记录下天马行空的想法。数字化所模拟不了的正是这种生活、自然的气氛。所以计算机动画的出现并不会使木偶片、剪纸片等灭绝,而会使动画家族更加的壮大,使动画影像的实现有更多的可能,使动画有更加广阔的发展空间。

从现阶段来说,“逐格拍摄法”仍保留着它原有的特点和优势,挖掘深层潜能的计算机动画固然重要,但是单方面发展其中一个是大错特错的。发展至今的数码产品也完全可以与“逐格拍摄法”相互配合,用科学技术来带动和更新传统技术,以根养本,又以新事物、新活力来富根,使其满足新时期发展的潮流与需求。事实说明:“逐格拍摄法”新一轮的战斗武器是数码相机,有越来越多的人开始用这种武器寻找动画中无限神秘的目标。这将会使“逐格拍摄法”迎来新一次的浪潮。

动画的重要表现手段、动画制作中最闪亮的王牌仍是“逐格拍摄法”。动画制作最本质的方式是“逐格拍摄法”,通过将动画还原其本质面貌,降低动画的门槛,将所有的人都引入动画的世界而不是拒之于门外,进行全民的动画普及,使得每一位热爱动画的人都可以动起手来的方式,不仅可以让大家享受观赏动画片的愉悦,更让大家能够体会到亲自制作动画片的愉悦。随着科技发展的迅猛,计算机渗入动画领域越来越深,越来越广,虽然计算机动画使动画制作有了一定的发展,但也不可否认的是,众多民众对动画与计算机技术产生了一定的误解,使得较多的动画爱好者望而却步,不敢轻易尝试。同时,繁多的制作工艺、超大的制作规模和昂贵的制作设备和软件,使动画的制作人群只能往贵族方向发展,除了贵族人群之外;其次,只重配备,盲目地进行技术质量的攀比和能源设备上的攀比,而大大忽视了动画片在艺术水平上的发挥,忽视了动画片本身所隐含的精髓实质也是众多动画制作者在动画制作中所呈现出来的问题,这无形中加大了自身在物资上的大量投入,即便如此,有时结果也会差强人意。艺术创作中的低产出,不仅会加重其自身的负担,还会阻碍动画的发展。现今的中国动画朝着大众化、产业化的方向发展,这种束之高阁的做法对自身适应潮流的发展毫无益处,甚至将处于被动难以前行的状态。"逐格拍摄法"势必在降低动画制作技术的投资成本,还原动画的本质和原貌,让各个阶层的人都能与动画全方位接触这一阶段发挥其一定的积极推动作用,能让全民发展国产动画,让那些有兴趣但却不会画画的人能够跳过"画"的防线,以多种"画"的形式参与到动画的队伍中。

培养动画人才的最佳方案是"逐格拍摄法"。动画片的核心是"动",任何一名动画学习者的首要任务是如何掌握好动画的运动规律,传统的教学方式,不仅时间长而且效果不佳。而今可以采取学生进行形体模仿表演,并以"逐格拍摄法"拍摄其分解动作的方式,让学生们体会和理解动画中的运动规律,能够更好地培养他们对动作的观察能力和表现能力;其后是让学生们达到学习动画制作的目的和良好效果,这需要明白如何以"画"的形式来表现"动",在掌握良好的动画运动规律的基础上,我们可以在各种美术形式和表现材料上充分发挥出"动"的能力,更可以在"动"的表层赋予丰富多彩的视觉效果和样式。

取材于自然界万物,以它特有的方式表现出人与生活无比的亲切感是"逐格拍摄法"所倡导的。当动画制作技术降为大家所能接受的最低标准和限度的时候,他们每一个人对生活的理解和对动画的理解都可以用这种自由广阔的表现方式来表达出来,动画用游戏的方式让每个人参与互动,以游戏的方式搭建在人与人之间,传递信息和内心情感,以游戏的方式让每个人在参与创作的过程中积极开发自己的想象力、创造力和提高自己的动手能力,用游戏的方式让每个人在其中享受快乐,传递快乐,让人树立豁达开朗的人生态度。只有用这种最为简单可行的手段和方式,动画才能在人群中流行和推广,以此来体现动画以人为本、以情为重的特点，并让所有人自由无限地表达自我。动画给人提供了健康的娱乐方式，人们为动画注入了新的内容与活力，使得人与动画相互促进，共同进步，为国产动画事业迎来蓬勃发展的未来。

从目前现状来看，中国动画事业依然有待发展，动画制作能力不足，光是国内创作的一些动画片，还远远达不到国内各电视台动画片播出量的重大缺口；然而为数不多的国产动画在观众群中存活率低下也是因为动画片创作水平低下，中国动画的发展之路受诸多因素的影响。大众传媒必然是要传播大众的文化，提高大家对动画的兴趣和对中国动画事业的信心。动画的普及需要数码产品越来越广泛、越来越深入的普及来奠定有利的物质基础，在此前提下应该迅速发展动画制作的高端技术，使大家与动画交互起来，将迎来一片中国动画事业的新生机，即由动画的源头逐格拍摄法开始，重新建立起动画与人群的良性交流关系，建立交互平台，开展多方位的服务网络体系，从而在内容与形式上达到中国动画的产业化目的，让中国的动画从“零”起步。

中国的第一部木偶片《皇帝梦》，1947 年在东北解放区兴山镇的东北电影制片厂摄制，1948 年该电影厂又摄制了动画片《瓮中捉鳖》（图 4-8），为中国美术电影的发展奠定了基础。进入 20 世纪 50 年代，动画片逐渐形成了从内容到形式和谐统一的民族风格，例如特伟导演的动画片《骄傲的将军》和靳夕导演的《神笔》；1958 年又问世了剪纸片《猪八戒吃西瓜》（图 4-9），它具有鲜明的民族特点，运用了中国皮影戏和民间剪纸的艺术形式；1960 年中国第一部水墨动画片《小蝌蚪找妈妈》的拍摄成功采用了特有的绘制方法和拍摄手法（图 4-10），水墨动画摄制技术是一项重要发明，引起了国内外人士的瞩目；同年适应幼儿观看的折纸片《聪明的鸭子》（图 4-11）又被成功地摄制了；1961~1964 年是中国美术片创作的高潮期，大型动画片《大闹天宫》在世界各地广泛上映正是因为它在美术造型上具有中国古典的装饰风格，民族色彩浓郁。此外，中国的水墨片、木偶片、剪纸片等在艺术上则意境高雅，别具韵味，在技术上日臻成熟，产出了一大批如《孔雀公主》《金色的海螺》（图 4-12）、《三个和尚》（图 4-13）、《鹿铃》（图 4-14）、《猴子捞月》（图 4-15）、《阿凡提》等一系列优秀的各个种类的动画片,在国际影坛被誉为“中国学派”。直到今天,动画片仍没有停止在表现形式和方法上的探索,你所看见的周围的所有物品,慢慢地被吸入到动画片里,例如毛线、铁丝、钉子、蔬菜、杯子等。

图 4-8

图 4-9

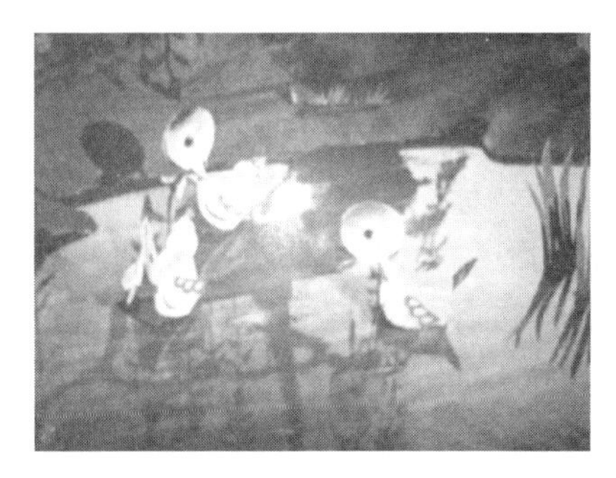

图 4-10

图 4-11

图 4-12

图 4-13

图 4-14

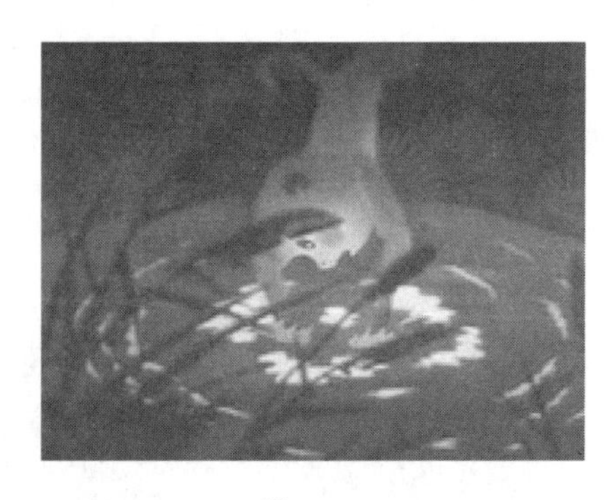

图 4-15

动画中除了对设计每一系列帧之间的差距变化的大小和控制画面数量多少,以此来实现对动画片里运动事物动作表现的控制外,对每帧画面也会进行设计安排,在这一点上,动画并非完全被动式地对自然界的运动捕捉和记录,而是采取积极主动的、带有强烈主观性的手法,被拍摄物体完全在你掌控之中,由你来设计和安排它的一举一动。可以说在动画里面表现运动不受任何自然规律的限制和约束,完全自由和主动地来表现动作,从而达到以动作来刻画和塑造人物的目的。动画中的运动之所以能灵活运用在运动体身上,是因为它提炼和概括了的自然界事物运动的规律,并将其打散后在动画片动作设计中重新组合。它是在总结出了任何事物运动过程中所包含的运动轨迹、运动力学、运动空间和时间,以及通过运动所传达出的一种情感和情绪之后而形成的。世间每一件物体运动时在这各方面都会有自己相应的数值,例如:给人传达的是一种悲伤、落魄的情绪的是体重大的物体,因为它运动缓慢,落地时间长而腾空时间短;而体重轻的物体运动敏捷轻快,落地时间短,腾空时间长,节奏明快,因此它传达给人的是轻松、喜悦的心情。所以我们可以灵活地运用这些格式和参考数值来为动画片塑造人物、表现运动,将这些没有生命的物体上带着这些有情感色彩的、极具强烈个性的动作,使它们不仅能像有生命一样运动起来,更使它们在你设计好的动作中展现出赋予给它的真实人一样的个性和情感。在动画中成功造就诸多个性鲜明的卡通明星,如米老鼠、唐老鸭、猫和老鼠等的原因就是因为这种自由,通过这些来自于动画的"逐格拍摄法"所获取的灵感,更有一些电影将动画里的这种自由创造运动的模式搬到他们的影片当中,通过对动作里每一环节的自我控制来达到赋予动作、赋予生命的目的正是采用这种打断和再链接的创作方式。可以针对每一张画面进行深入的描绘和刻画,以至于将绘画雕塑等多种造型手段运用在了动画片的制作中,采用了丰富的美术造型手法,使得大部分动画片单拿出每一格画面都是一幅美丽的图画,使得动画影片具有其他影片种类无与伦比的独特风格和形式美感,正因为动画采用"逐格拍摄"的方式来制作。同时它衍生出种目繁多的动画形式,借助了美术形式的多元化,有版互式、漫画式、油画式、水彩式等各种绘画风格所制作出的动画影片,大大丰富和提高了动画影片的视觉效果。同时,动画影片制作在视听方面,为了使画面与声音对号入座,大多采用了先期录音的方法,达到了梦幻神奇的视听效果,不仅令声音为画面增色不少,更使得声音具有了形和色的美的感受,使声音与画面完美地结为一体。

"逐格拍摄法"是动画中最基本的技术手法。计算机技术领域极深极广,许多的动画爱好者都对它望而止步,不敢尝试。要做到物物皆动画,事事能动画,人人会动画,达到动画的大众化,"逐格拍摄法"势必为所有不会画画和动画爱好者们实现自己的动画梦想。对所有不同文化、民族、国界的动画爱好者来说,这是一个极具诱惑力的想法。而要实现这些目标,拉近动画与大众的距离,我们必须回到动画的源头——回到"逐格拍摄法",为全民发展国产动画提供有利的条件。"逐格拍摄法"不仅能激起人们蠢蠢欲动的跳动的情感,更能让人们以自由创作的形式参与到动画队伍中去。在制作过程中,有很多人与人之间互相传达自己内心的感受,动画以游戏的方式在人群中推广和流行,彼此交流的机会,让所有人与动画全方位接触,会让人们通过自己奇思妙想的想象力,逐渐地提高自身的创造力和动手能力,让每个人都乐在其中,让每个人都能够参与其中,以游戏的方式传递快乐❶。我们必须降低动画的门槛并且向全民普及动画知识,要充分发挥人们所拥有的广阔的想象空间,也使全民都可以利用最原始

❶ 庄雪莲、管仁福."逐格拍摄法"与"逐格制作法"——对动画片特点表述的一点思考[J].电影评介,2007(19):132-134.

的动画方式来制作属于自己的黏土动画。

简单来说，黏土动画和三维制作的动画片是截然不同的感觉，日常生活中随时随地都能见到的物质，突然会笑、会跑、会跳、会哭，这在感官上给他们带来无限新奇（图4-16）。

(a)

(b)

图4-16

在时代的飞速发展下，国外黏土定格动画经历了许多次的变化和更新，时代是不断发展变化的，我们要真正做到大众化，不能一直坚守着几十年前提出的“走民族复兴路”。所有事物都朝着更加多元化的方向在发展，黏土动画也是一样。回归“逐格拍摄法”，这样做才能拥有发挥的空间和广阔的想象，才能真正迎来中国黏土动画事业的蓬勃发展，才能迎得中国动画事业的健康发展。

4.2.3.2 与数字技术的结合

现代动画是古老的绘画艺术与快速发展的科学技术融合的产物，黏土动画艺术更是在数字技术的飞速发展下，重新爆发出强劲的发展势头并焕发出蓬勃的生命力。黏土动画的创作必须和民族文化结合起来，但不能重走20世纪50~60年代中国学派的老路子，更不能照搬过去的动画手段和形式。毕竟任何艺术形式，无论它曾经收到过多少荣誉和宠爱，还是多么的辉煌，如果不能满足观众不断变化着的需求，就必然会与时代脱轨。

记者采访英国著名动画公司阿德曼创始人之一彼得·罗德时问道：“在数字时代，黏土定格动画究竟是走到了生命的尽头还是发展出一个新的走向，会被计算机取代吗?”,这确实值得人们深思。

如今,数字技术取代了传统的技术领域,我们可以体会到,数字技术的出现,不光节约了大量的劳动时间和劳动力,而且还显著地缩短了动画制作周期。但是黏土定格动画在不断完善自身的同时与机器生产的陶瓷与手工制作的陶瓷作品比较一样不断汲取计算机技术的优势,一直以来,都会有很多人对手工制品充满期待,与此同时,观众也可以体会到艺术家们在手工制作时倾注的热爱之情。

《人兔的诅咒》(图 4-17)中,设计者们想让它的主角可以像跳芭蕾一样表演,但是这个角色竟然有三十厘米高,而且巨大的造型需要用塑料泥土来制作,还要疯狂地跳跃,这用定格来拍摄的话需要很昂贵、困难的细腻工作,由于与使用的材料有关,即便有可能做到,但是想要达到流畅自然的效果还是很难的。“在十年前甚至更早要拍出飞的效果,要想让观众感觉到是需要花很大的人力、物力的,而现在如果将前景和背景分开拍摄再将其合成,不仅可以减少拍摄的次数以及更换更多的场景,还可以省下大量的预算和空间。”“利用定格拍摄的部分与数字技术制作的部分结合效果非常好,而且非常实用。”彼得·罗德是这样回答的❶。通过数字技术,《人兔的诅咒》中的角色可以轻而易举的达到设计师们想要的效果。

(a)

(b)

(c)

图 4-17

尼克·帕克对 3D 动画的作用有这样的评说:“我们不能表现烟雾以及雨水的质感说明黏土有其局限性。当然你也可坚持纯手工制作这些特殊效果,但如

❶ 余为政,等. 动画笔记[M]. 北京:京华出版社,2010.

果那样的话恐怕我一辈子都不会完成这部影片。所以我们不得不找了计算机特效公司帮忙创作一些视觉效果。其中就包括华莱士的两个新发明:思想改造机和兔子吸尘器。”

早在20世纪90年代初,CGI技术结合定格动画的全新形式就已经被威尔·文顿开创出来,莱卡工作室也一直延续这样的技术方式。如2009年的《鬼妈妈》就有计算机特效的辅助,它是莱卡工作室首部长片动画。由于影片中角色的每个细节都非常自然顺畅,每个细节也极其清晰,所以这部影片呈现出来的效果处处充满着令人惊艳的画面。莱卡公司是世界上第一家把3D打印运用到定格动画的公司,《鬼妈妈》(图4-18)的出现才真的让这一历史悠久的动画形式有了新的突破,除了出色的故事剧本,流畅自然到媲美CG动画的画面也让人印象深刻,这主要也是因为莱卡工作室并没有拘泥于传统的定格动画技术,而是将一些计算机特效技术在后期结合到定格动画中,产生了更加独特效果。

(a)

(b)

图4-18

《通灵男孩诺曼》不仅继承了《鬼妈妈》的出色技术,而且经过计算机特效的后期加工。因为黏土定格动画要求的限制,《通灵男孩诺曼》是第一部采用3D打印技术来制作角色面部的影片。即便如此,《通灵男孩诺曼》也花费了两位导演三年时间。黏土动画的每个画面是需要一帧一帧地进行拍摄的,而且每一个角色和道具都是实物制作,就为了取一个场景,剧组在工作间内搭建起了多达60个微型片场,制作难度不言而喻(图4-19)。

(a) (b) (c) (d)

图 4-19

最依赖 CGI 技术的动画电影的是《久保与二弦琴》。利用 3D 打印技术运用到道具的制作中，影片制作的速度也得到了大大提升。影片中久保向围观群众讲故事的场景，当中的水文特效以及群戏场景都是数字合成的结果。特效部也需要花费 12~18 个月的时间先做出角色模型，然后将其扫描至计算机进行进一步合成工作。黏土动画需要大量实景拍摄，制作部门在拍摄之前要完成全部的布景和道具。每一个角色都需要设计出多个副本，体现出不同的面部表情。而且，为了防止人偶在拍摄中手指断裂，制作人员会提前准备更多的手部模型。莱卡人物模型部门的负责人 Georgina Hayns 举过一个例子："如果我们需要做 140 个人偶，那么我们还需要制作 500 双手部模型。"(图 4-20)

《久保与二弦琴》中道具和布景准备就绪后，电影进入实拍阶段。动画师控制角色的身体姿态和面部表情是通过绳索来完成的，还要用摄像机将每次微调后的细节捕捉下来。莱卡工作室的任意一个动画师只需要负责一个场景即可。事实上，27 个动画师分工拍摄的场景不同，他们每人每周只能完成 3 秒，但是每

(a)

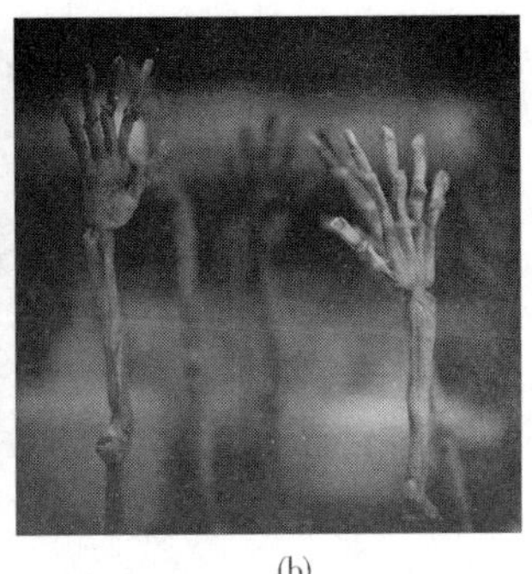
(b)

图 4-20

个动画师每周的任务量中的动画内容却是 4.3 秒。用特拉维斯·奈特的话来说,黏土定格动画的制作要经历复杂而漫长的过程,就是“不完美和失败是每一部定格动画都需要经历的,源源不断的问题是每个创作者都要的”。这位年轻 CEO 说:“所有的不完美恰好让定格动画变得更加美好,让这些电影更有人情味。”也是莱卡坚持践行定格动画的原因。

2012 年 3 月 30 日,英国黏土动画公司阿德曼制作的第一部 3D 黏土动画电影《神奇海盗团》(图 4-21)上映。《神奇海盗团》同样也是采用计算机技术与逐格动画结合一起的方式,运用了大量的绿幕拍摄等 CG 技术——由英国伦敦的 Double Negative 公司(简称 DNeg)负责,传统的黏土手工与 CG 技术完美结合,让这部黏土动画显得更加天衣无缝。

《神奇海盗团》这部电影的制作团队有 320 个人,其中,专业的动画技术人员就有 33 名,摄影小组整整分成了 41 个小组。电影中的海盗船完全是由 44569 个零部件组成,是手工精心制作完成的。建造它需要耗时 5000 个小时,长 14 英尺,高 20 英尺,重 770 磅。在维多利亚女王旗舰号 QV1 的船体上镶了大约有 30000 个扁豆,看上去仿佛是铆钉。电影中灯具和玻璃镜片每一个都是量身订造的,为了制作一组特殊的瓶子,专门请了玻璃吹制专家金姆·乔治来进行制作。阿德曼道具工作组制作了超过 22 万多件道具。可以让胡子生动起来的是海盗船长的胡子里面有一个非常特别的机械装置,它的原理类似于吉他

(a) (b) (c) (d) (e) (f) (g)

图 4-21

调音的过程,胡子里面还有 65 个漩涡似的部件。经过五稿设计这个精巧的装置最终才定下来。为了使船长说话生动形象,模型组光口型模型就有 257 个,嘴部模型高达 1364 个。全片角色总共准备了超过 6800 个最不模型,工作量可以说是巨大的。每个模型需要用 3D 原型快速打印机打印出来,首先就是通过计算机设计,配上舌头和牙齿。这些模型的形状的设计都是按日常发出的元音时的嘴型来制作的。为了防止失去平衡或者摔倒,每个木偶的底部都被钻孔并且固定在布景上。木偶每换一次装束、换一个动作不是只给木偶换一次衣服这么简单,都需要重新安置一个新的木偶。导演彼得罗伊德也要求工作人员首先要把场景效果拍成录像,才能交给动画技术人员制作想达到的效果。不得不说数码拍摄给摄制组带来了很大的便利条件,摄制组可以在某个角色摔倒或者是一盏明灯突然熄灭时重新做出改正。制作人员现在使用的是在后期制作中很容易被剔除的钢线,这就与之前缝制木偶时使用的钓鱼线和尼龙线不同。但是,在制作这些木偶的过程中,为了使这些木偶的手指关节在活动时显得更加形象生动,用在手指关节处的足够小的材料也会用铝线和铜线来代替。

其实在模型上,阿德曼做得很好的是有很多镜头都是他用胡须、服装和眼睛掩饰这些切割线,但却恰恰是因为这些隐藏,使得后期一大部分镜头需要大量的后期修理。这种拍摄手段在真人电影中才会用到,《神奇海盗团》在很多镜头中,都是在绿幕前拍摄的,所以这要求后期制作要更加便捷,而且对动画艺术家的现场操作也有很大好处。如果需要后期制作变得更加轻松自如,就需要空间变大,实体的模型变少。但是由于整个场景范围太小,影片中有需要出现玻璃材质的物件,会出现反光或者烛光等光源干扰,这也同样给后期制作增加了难度。即便会出现这样的问题,对技术人员来说也不算特别大的问题,只是需要花费更多的时间。

阿德曼在实拍的时候,黏土模型的动作制作和动作设计可以说是天马行空。角色几乎不受任何地心引力的影响可以在天上自由地飞,可以倒立落地、翻腾、高高跳起。从这个角度说来,黏土定格动画制作起来的确是很自由的。但这也意味着后期制作的难度将会增加,为了使得到处都清晰来达到出现而且晴朗的天空和完美的阳光,现场要通过打强光灯控制的阴影。导演彼得·洛伊德是《神奇海盗团》的制作者,他为这部电影介绍说:“我真的觉得我们是在用两种最好的技术,享受视觉潜能,迈入更宽阔的世界,使自己在大环境中充分的释放是一件令人十分兴奋和愉悦的事。比如大海,我们在计算机制作的大海中放上漂亮、立体的木偶动画海盗船,出现在屏幕前的船不停地晃动、摇摆、溅出水花,看起来十分的漂亮。”

21 世纪是网络时代,我们要根据现状来寻求黏土动画发展紧跟快节奏生活的步伐。当前黏土动画在国内动漫产业界里蓄势待发,不久它将以一个异军突起的身份在视听界传播起来。因为动画制作所需的计算机成像技术的普及已遍布各处,黏土动画与此技术结合,无疑在情节上还是观众的感知上都有着巨大的潜力和发展空间。我们可以利用黏土动画自身逐格制作的优势,利用手机通过逐格拍摄法自己制作拍摄定格画面后传输在网络上或者发给朋友们进行分享,这样的制作方式无疑是最方便最大众化的。大众就可以通过网络方便点击和下载,从而大大地增加受众范围,增强宣传的普遍性,使广大爱好者都可以参与进来,让黏土动画出现在我们生活的一部分当中,这对于黏土动画的发展与传承也是大有益处的。

即使黏土定格动画这门传统动画制作起来耗时耗力,但它却拥有着持久的艺术魅力。它的发展不仅有利于黏土动画甚至整个电影语言的革新,甚至对于推动电影媒介的发展有着不可忽视的作用。计算机三维动画是现代的产物,黏土动画是传统的艺术,黏土定格动画在不断汲取计算机技术的长处的同时也在不断完善自身。当今,虽然计算机动画主导了流行影像,但是为了他们最初的启发,计算机动画家依然捍卫着传统动画技术。黏土动画的发展不仅有利于动画的发展,而且在整个电影语言中具有不可忽视的作用。在当今时代,这个对传统手工质感的情感诉求和返璞归真已成为一种流行趋势,在维持黏土动画天然的优势下,不仅能够给大家带来最大程度的完美视觉享受,而且还为计算机三维动画找到了能够相互融合的方式。有很多动画都很好地证明了黏土动画与计算机动画的完美联姻。例如,蒂姆·伯顿的《圣诞夜惊魂》《僵尸新娘》、亨利·赛利克的《鬼妈妈》《神奇海盗团》等这些非常好的黏土动画。

5 结 论

多年来,人们不断地重新认识黏土动画,也意识到它是动漫产业发展不可缺少的一部分。同时也有很多人认为黏土动画牵涉到的学科领域较多,过程烦琐,制作成本太高,投入太多,甚至让人产生惧怕的感觉。黏土动画这门传统动画工艺制作起来即便费时费力,却拥有持久不衰的艺术魅力。当今,虽然计算机动画主导了流行影像,计算机动画家却是传统动画技术的最大捍卫者,因为那才是他们最初的启发,比如《僵尸新娘》制作,皮克斯计算机动画团队是最大的支持者。由此可见,我们应该充分利用黏土动画的优势,转变观念,全力支持中国动画业的发展。

我国动画艺术家缺乏研究黏土定格动画艺术的认识,笔者认为是我国黏土动画趋于边缘化导致的。我国的黏土动画在学院中非常盛行,但是随着年龄的增长,一些喜欢黏土动画的学生在毕业之后不再愿意去花大量的精力和时间在创作黏土动画方面,人们对黏土动画认识了解程度将会被直接限制。但是,黏土动画必将成为一个“新兴”的动画类别,因为它在国内动漫产业领域里隐藏着巨大的市场潜力,它具有二维动画和 3D 动画所没有的独特的制作技法、拍摄过程、唯一性和不可复制性。在国内艺术家对黏土动画的执着精神探索下,渐渐产生了一大批观众,他们对黏土动画产生了浓厚的兴趣。在国际黏土定格动画的影响下,我们需要重新开始审视这门艺术的发展前景。

国内通过对当今黏土动画现状的实际考察,发现在 2000 年以前,全国仅北京一家公司从事黏土定格动画制作——北京圣土文化有限公司,但是,从 2000 年以后,随着黏土定格动画爱好者逐年的稳步增长,在校学生从事相关专业研究人数增加,各高校动画专业逐步开展了黏土定格动画课程,而且有许多的黏土动画工作室成立。由于国内黏土定格动画现今正处于起步阶段,制作的团队较少,至今荧幕上仍未出现大制作的黏土定格动画影片。在国内少量试验短片中发现情节过于简单、技法单一、制作粗糙。技法限制是导致这种情况的根本原因,同时忽略了影片的可读性、趣味性和情节性这一本质,过于注重制作过程与技法。所以,进一步深入研究黏土定格动画对国内动漫产业快速、稳步发展具有实际意义。相信在不久的未来,很多年之后,国内动漫产业中必将能够拥有黏土动画的一席之地。

相较于其他动画,黏土动画不但可以带来同样的视听感受,还可通过角色中独特的纹理使观众感受到材料的特殊性以及其中的艺术表现。黏土动画在动画属性中形成了自己独特的风格和拍摄手段,黏土动画特殊的材料属性所塑造的艺术形象,能够给观众切肤之感的同时,又使观众进入梦幻的“真实世界”。

国内黏土动画产业的发展不仅应多注重动画本身的可读性与趣味性,还要在制作过程上进行改进与完善,在剧本创作、角色设计等方面应多注重参考中国的典故、民俗和历史,在符合国情的前提下完成剧本创作和角色设计等工作,在影片制作过程中不能照搬照抄欧美定格动画的风格,实现动画产业发展的这一“转型期”。

笔者认为黏土动画不是要与 CG 技术一样要复制真人的动作,而是要维持人们对它的纯朴情结。虽然黏土动画受到了计算机技术不断发展的影响,但它以真实材料为特点的艺术风格依然深受很多艺术家和观众的喜爱。它不但没有消失,反而借助计算机技术不断发展,持续开拓出了更宽阔的动画之路。100多年来无数艺术家、梦想家用这种特殊的方式创造出许多著名的黏土定格动画,不仅仅是因为他们痴迷于黏土。

在本书中笔者提出了把泥塑与黏土动画相结合的观点,通过黏土动画这种特殊的动画形式可以将泥人特有的质感和造型加以展现,也是让其各自有新的载体,在时代的变迁中让泥人不至于被遗忘,并且还能继续传承发展,能够引起广大市民的关注,从而起到推广与传承的作用。这一研究不但可以激发我们对艺术的创造力,更能让中国传统的民间艺术文化走向世界大舞台。

泥塑作为中国传统民族文化元素之一，在黏土动画的创作中不仅要保留与继承中国的民族特色，还要结合现代社会的审美和发展趋势，使其既不失时代风格又能成为一种全新的动画形式。而且对泥塑这一非物质文化遗产，每个人都有自己的看法，了解程度不同，认识的深度和广度不一样，这种差异恰恰也就推动了它的发展。当然，还要从小抓起，从教育着手培养出对艺术发展责任的承担意识，要相信潜移默化的影响力，学校可以在学生很小的时候，把黏土等这些非物质文化遗产通过黏土动画的方式表现出来，最好的方式是专门开设一门非物质文化遗产的课程，这样既可以让孩子们从小就意识到中国文化遗产的珍贵，还可以激发学生们学习的兴趣，引起他们的传承保护意识。我们要激发全民保护文化遗产的意识，在继承发展这条道路上，即使再艰苦也要勇于承担责任。

作为一种动画艺术形式体现着个人的风格与张扬的个性，黏土动画会随着经典角色的形象进入千家万户，受到越来越多观众的欢迎。黏土动画艺术本身也需要通过融合新兴科技，在借鉴其他制作形式的基础上不断完善自己，打破传统。本书略尽薄力，希望作为开拓者和践行者的动画专业的学生、动画设计师以及更多的黏土爱好者，用自己巧妙的创意与饱满的创作热情，将这一风格化的动画门类，继续发扬光大。希望在不远的将来，能够开启中国的黏土动画新篇章，使深受大众喜爱的角色形象与原创黏土动画作品能够在国内甚至国际上流行。

参考文献

[1]王家斌、王鹤.中国雕塑史[M].天津:天津人民出版社,2009.

[2]张夫. 中国民间美术与动画[M].北京:人民美术出版社,2007.

[3]余为政. 动画笔记[M]. 北京:京华出版社,2010.

[4]卢晶蕊. 黏土动画角色设计的应用研究[D]. 上海:东华大学,2009.

[5]海蓝,陈洁,郭志超,等. 图说西方雕塑艺术[M]. 上海:上海三联书店,1988.

[6]约翰·赫伊津哈. 游戏的人[M]. 北京:中国美术学院出版社,2007.

[7]华梅,要彬. 中国工艺美术史[M]. 天津:天津人民出版社,2000.

[8]陈迈.逐格动画技法[M]. 北京:中国人民大学出版社,2005.

[9]阿恩海姆. 艺术的心理世界[M]. 北京:人民大学出版社,2003.

[10]陈龙海. 外国名雕塑解读——泥石中律动的生命[M]. 2 版. 湖南:岳丽书社出版社,2007.

[11]王学斌,王鹤.世界雕塑名作 100 讲[M].天津:百花文艺出版社,2008.

[12]约翰·菲斯克.解读大众文化[M].3 版. 南京:南京大学出版社,2006.

[13]呼志强.中国手工艺文化[M].北京:时事出版社,2001.

[14]徐华铛.中国彩塑泥人[M].北京:中国林业出版社,2002.

[15]王冠英. 中国古代民间工艺[M]. 上海:商务印书馆,2010.

[16]傅守祥. 审美化生存[M]. 北京:中国传媒出版社,2010.

[17]聂振斌,滕守尧,章建刚. 艺术化生存——中西审美文化比较[M]. 四川:四川人民出版社,2010.

[18]薄松年.中国民间美术全集——雕塑[M].北京:人民美术出版社,2000.

[19]张宇．中国民间美术与动画[M]．北京：人民美术出版社，2007.
[20]张立军，张宇.世界动画艺术史[M].北京：海洋出版社，2008.
[21]唐愚程，聂鑫.定格动画[M]．重庆：西南师范大学出版社，2010.
[22]童庆炳.现代心理美学[M].北京：中国社会科学出版社，1993.
[23]周莉，等.身边的美学[M].北京：中国林业出版社，2000.
[24]陈弘.走出审美迷宫[M].湖南：湖南师范大学出版社，1989.
[25]卢晶蕊．黏土动画角色设计的应用研究[D]．上海：东华大学，2009.
[26]李朝阳．中国动画的民族性研究——基于传统文化表达的视角[M]．北京：中国传媒大学出版社，2011.
[27]肖路.国产动画电影传统美学特征及其文化探源[M].上海：上海世纪出版集团，2008.
[28]陈旭光，等.影视受众心理研究[M].北京：北京师范大学出版集团，2010.
[29]彭磊，卢悦，李纲．怪兽来了——定格动画摄影棚[M]．北京：中国青年出版社，2004.
[30]张立军，马华．影视动画影片分析[M]．北京：中国宇航出版社，2003.
[31]王红．动画角色视觉形象研究[D]．武汉：武汉理工大学，2006.
[32]冯薇．定格动画在中国现阶段的应用与发展[D]．北京：中央美术学院，2010.
[33]陈晓毅．民间工艺形式在定格动画中的应用研究[D]．广州：广东工业大学，2011.
[34]苍憨楠．黏土定格动画的视觉语言研究[D]．西安：西安理工大学，2009.
[35]庄雪莲，管仁福．“逐格拍摄法”与“逐格制作法”——对动画片特点表述的一点思考[J]．电影评介，2007(19)：132-134.
[36]黄勇．论“逐格拍摄法”的生命力[J]．北京电影学院学报，2006(5)：15-18.
[37]卢晶蕊．黏土动画角色设计的应用研究[D]．上海：东华大学，2009.
[38]李晨曦．黏土动画新语言研究[D]．四川：四川大学，2007.

[39]Gle Hunwick. I Want to Try Clay Animation-CG[M]. 北京:电子工业出版社, 2004.

[40]苍憋楠,王家民,陈鹏. 黏土定格动画中角色表演的作用与研究[J]. 西安文理学院学报,2008.

[41]孟伟. 偶动画影片中角色形象的审美[J]. 艺海,2009(1):57-59.

[42]曹莹. 新世纪以来黏土动画的艺术魅力——以阿德曼工作室为例[J].中州大学学报,2010(2):98-101.

[43]唐英. 试论消费社会的审美嬗变[J]. 西南民族大学学报,2008(7):201.

[44]孟文静. 视觉化审美嬗变[J]. 开封教育学院学报,2009(2):24-27.

[45]栗晓枢,王秀峰. 影视受众心理分析[J]. 电影评介,2011(13):81-84.

[46]孙立军. 浅谈中国动画的创作现状[J]. 电影艺术,2004(1):154-157.

[47]郑德梅,赵 婷. 动画片的审美特性与儿童心理[J]. 现代视听,2009(3):167-170.

[48]张蓝. 动画创作与观众心理[J]. 中国电视,2002(12):35-37.

[49]袁洁玲. 后工业时代生命需要的精神突围——动画电影审美心理浅析[J].电影文学,2009(21):80-83.

[50]刘井涛. 因时而动———论动画形象的审美嬗变[J]. 艺术探索,2009(1):45-47.

[51]马阳阳、王保振. 浅谈另类动画的魅力之黏土定格动画[J]. 剑南文学,2012(5):178-179.

[52]张尚志. 中国古代泥塑艺术浅析[J]. 美苑,1988(5):101-104.

[53]吕湛. 英式幽默与好莱坞模式——尼克·帕克动画[D]. 上海:上海大学,2010.

[54]孙立军. 影视动画场景设计[M]. 北京:北京中国宇航出版社,2009.

[55]杜布莱西斯. 超现实主义[M]. 老高放,译. 上海:三联书店,1988.

[56]从红燕. 动画运动规律[M]. 武汉:武汉理工大学出版社,2005.

[57]黄龙. 论动画中的材料及其艺术表现力[D]. 湖南:湖南师范大学,2007.

[58]李显杰．电影叙事学:理论与实例[M]．北京:中国电影出版社,2000.
[59]李建强．影视动画艺术鉴赏[M]．上海:复旦大学出版社,2008.
[60]周涌．影视剧作元素与技巧[M]．北京:中国广播电视出版社,1996.
[61]威廉·米勒．影视叙事结构[J]．邹韶军,译．电影文学,2000(2):67-69.
[62]薛燕平．世界动画电影大师[M]．北京:中国传媒大学出版社,2006.
[63]张道一．工艺美术研究[M]．江苏:江苏美术出版社,1988.
[64]李松．惠山泥塑的沿革[J]．美术研究,1959(4):59-62.
[65]王佳．惠山泥塑起源和发展的成因[J]．美与时代(上),2011(2):34-37.
[66]陈奇佳．日本动漫艺术概论[M]．上海:上海交通人学出版社,2006.
[67]张立军,马华．影视动画影片分析[M]．北京:中国宇航出版社,2003.
[68]张仁智．我国动画技术发展过程的问题研究[D]．沈阳:沈阳工业大学,2011.
[69]朱光潜．变态心理学派别:变态心理学[M]．北京:中华书局,2012.
[70]李霖波．凤翔与淮阳泥塑艺术风格比较研究[J]．山西大同大学学报,2014(3):8-10.
[71]南长全．从“面花”到“面人”——论我国民间面塑艺术从乡村到城市的传承演变[J]．美与时代,2012(1):88-90.

后　记

这本书大致通过分期的方式分为四个部分，探寻由不同生存环境产生不同娱乐需求的心理，以分众的理念分析在不同时期的需求变化，这对黏土造型的发展和嬗变的过程有什么样的影响。

本书重点在第三、第四部分，第三部分首先分析出当代的娱乐需求心理——寻求调节剂，调解压力、返璞归真、追求童趣等。黏土造型在这样的需求心理的影响下变得更加多元化，黏土动画蓬勃发展。黏土造型不再向着简易的泥塑造型和动画造型发展，泥塑面塑都变得千姿百态，黏土造型可以通过 3D 打印手段，在网络手段的支持下更多的贴近了人们的生活。

本书的创新点第四部分分别从“新技术时代黏土角色造型的发展展望”和“中国黏土动画的发展展望”两方面进行探索，面对今天极速发展的数字技术，网络文化和高科技带来的是一种独特的生活方式，通过人们娱乐需求心理的分众趋势，黏土造型的变化模式又会怎样；最后得出结论从民族元素与泥塑艺术中提取，以及与高科技——数字技术和逐格拍摄法进行完美结合的措施，从成人对童趣的渴望、人们返璞归真的心态方面来阐述中国黏土动画的发展弊端以及措施与发展展望，具有一定的研究价值和创新意义。

在国内黏土动画的发展速度受到人们的思想、文化、爱好和认知程度的影响，从当今现状来看，人群的范围相对狭窄。本书对这方面的分析不太全面，需要进一步的讨论和研究。本书探讨研究期间在相关文献搜集上，国内的少而零散，缺乏比较深入和系统的研究论著。本书还只是一个阶段性的研究，即使在黏土造型领域研究了九年时间，但在今后的相关工作学习中仍继续此领域的思考、探索与实践。

本书从前期的资料收集和选题到后期的写作,它的准备和完成工作都是极其艰苦的,都不是那么一帆风顺。最终的完成是对我度过了无数个白天黑夜最好的安慰,这本书虽不完美,仍然有许多需要改进的地方,但是依然要感激这些年来关心和帮助我的每个人!

很庆幸自己能够在师大拥有了三年的研究生活,在这三年里跟随我的导师毛小龙老师开始了黏土造型的研究学习,对我来说是一件非常幸运的事情。景德镇学院的各位领导、老师广博的学术视野、严谨的治学态度、对陶瓷的热爱、对黏土的执着深深地感染着我;景德镇悠久的陶土文化底蕴也对我的研究起到了很好的帮助。在这里,我真诚地对所有帮助过我的人说一声谢谢,感谢我的朋友们和同事,你们的珍贵友谊使我每时每刻都能感受到亲情的温暖, 感谢我的父母和亲人,你们的关爱是我进步的最大动力。

由于资料编排和个人的视野有限,书中肯定还存在着描述不当甚至谬误的地方,书中的疏漏与不妥之处还恳请各位专家和老师指正。